EL ORIGEN DE LAS FORMAS

Un curso introductorio a la ciencia de la Complejidad

FSC
www.fsc.org
MIXTO
Papel procedente de fuentes responsables
Paper from responsible sources
FSC® C105338

EL ORIGEN DE LAS FORMAS

Un curso introductorio a la ciencia de la Complejidad

FRANCISCO VOZMEDIANO MUÑOZ

Edición: Noviembre de 2024

Título original: Mente Fractal I. El origen de las Formas.

Ilustraciones del propio autor.

ISBN: 978-84-1174-8209

Editorial: BoD · Books on Demand GmbH, In de Tarpen 42,
22848 Norderstedt (Alemania)
Impresión: Libri Plureos GmbH, Friedensallee 273,
22763 Hamburg (Alemania)

A mi familia, y a mi profesor
D.Jesús Godínez con eterna gratitud.

INDICE

1. LA MENTE DE LA NATURALEZA 7

Pautas matemáticas en la naturaleza 9
La sucesión de Fibonacci y el número de oro 11
Leyes de escala alométricas 21
Los fractales 24
Ecuaciones iterativas 28
Sistemas de Lindenmayer 31
Las Simetrías y el Bauplan de los Clásicos 33
La manifestación de la información codificada en el ADN 39
Los Campos Morfogenéticos 43
Ecuaciones de Reacción-Difusión 44
La organización de los seres vivos 48

2. ORGANIZACIÓN Y COMPLEJIDAD 51

Una nueva forma de hacer ciencia 53
Los Sistemas Complejos 55
La Termodinámica y la irreversibilidad 58
La Teoría General de Sistemas 62
Retroalimentación 67
Sistemas dinámicos 71
Retroalimentación y no-linealidad 72
Espacio de fases 74
Atractores 77
Atractores extraños 79
La Teoría del Caos 82
La Aplicación Logística o Ecuación del Crecimiento 84
Constantes de Feigenbaum 91
Universalidad 93
Bifurcaciones 94

Teoría de catástrofes 96
Turbulencia 98

3. AUTOORGANIZACIÓN Y ESTRUCTURAS DISIPATIVAS 101

Auto-organización 103
Tipos de estructuras 110
Estructuras espaciales: La inestabilidad de Bénard 111
Estructuras disipativas 116
Orden originado por fluctuaciones 119
Coherencia en sistemas inorgánicos 121
Estructuras espacio-temporales: El láser 123
Transiciones de fase fuera de equilibrio 127
Estructuras temporales: Modelo de Lotka-Volterra 131

4. AUTOORGANIZACIÓN EN SISTEMAS VIVOS 137

Química y autocatálisis 139
Vida y autocatálisis 141
Agente autónomo 142
Estructuras disipativas y Vida 144
Simetría y campos morfogenéticos 151
Vida y Modelos de organización 153
Autopoiesis 154
Vida y cognición 158
Algoritmos genéticos 159
Comportamiento colectivo: coherencia en sistemas vivos 160
Criticidad auto-organizada 164

CONCLUSIÓN 173

APÉNDICE 175

NOTAS 177

REFERENCIAS Y BIBLIOGRAFÍA......................... 193

AGRADECIMIENTOS.. 201

INDICE ALFABÉTICO 203

INDICE DE ILUSTRACIONES

FIGURA 1. CONSTRUCCIÓN DE UNA ESPIRAL MEDIANTE LOS NÚMEROS DE FIBONACCI. 13
FIGURA 2. EVOLUCIÓN DE LA POBLACIÓN DE CONEJOS.................... 14
FIGURA 3. SEGMENTO CON UNA SECCIÓN ÁUREA DADA POR LA POSICIÓN DEL PUNTO B. 15
FIGURA 4. POSICIONES DE APARICIÓN DE LAS HOJAS EN UN BROTE, ALINEÁNDOSE SEGÚN EL ÁNGULO ÁUREO. 18
FIGURA 5. CONSTRUCCIÓN DE LA ESTRELLA DE KOCH. 27
FIGURA 6. CONJUNTO DE MANDELBROT.. 30
FIGURA 7. RETROALIMENTACIÓN POSITIVA O AUTORREFORZADORA. 68
FIGURA 8. RETROALIMENTACIÓN NEGATIVA O AUTOCORRECTORA... 69
FIGURA 9. TRAYECTORIA EN EL ESPACIO DE ESTADOS DE UN PÉNDULO SIN ROZAMIENTO. 76
FIGURA 10. TRAYECTORIA EN EL ESPACIO DE ESTADOS DE UN PÉNDULO CON ROZAMIENTO. 77
FIGURA 11. EVOLUCIÓN TEMPORAL DE LA DENSIDAD DE POBLACIÓN PARA $R=0,9$ Y $X_1=0,6$.. 87
FIGURA 12. EVOLUCIÓN TEMPORAL DE LA DENSIDAD DE POBLACIÓN PARA $R=2,8$ Y $X_1=0,1$.. 87
FIGURA 13. EVOLUCIÓN TEMPORAL DE LA DENSIDAD DE POBLACIÓN PARA $R=3,2$ Y $X_1=0,1$.. 88
FIGURA 14. EVOLUCIÓN TEMPORAL DE LA DENSIDAD DE POBLACIÓN PARA $R=3,5$ Y $X_1=0,1$.. 88
FIGURA 15. EVOLUCIÓN TEMPORAL DE LA DENSIDAD DE POBLACIÓN PARA $R=3,9$ Y $X_1=0,1$.. 90
FIGURA 16. CASCADA DE BIFURCACIONES. 91

FIGURA 17. INTERVALOS QUE SE UTILIZAN EN EL CÁLCULO DE LA SEGUNDA CONSTANTE DE FEIGENBAUM 93
FIGURA 18. ENTROPÍA Y TRANSICIONES DE FASE. 109
FIGURA 19. PROCESO DE CONVECCIÓN VISTO EN UNA CELDA DE BÉNARD. 112
FIGURA 20. RECIPIENTE CALENTADO EN EL EFECTO BÉNARD: $T_1>T_2$.112
FIGURA 21. REPRESENTACIÓN DEL FLUJO DE CALOR EN EL LÍQUIDO EN FUNCIÓN DEL GRADIENTE DE TEMPERATURA. 114
FIGURA 22. ESQUEMA BÁSICO DE UN LÁSER 124
FIGURA 23. EVOLUCIÓN TEMPORAL DE LAS POBLACIONES DE LIEBRES Y LINCES SEGÚN TABLA ANTERIOR. 134
FIGURA 24. ATRACTOR DE CICLO LÍMITE EN EL ESPACIO DE FASES, AL REPRESENTAR LA EVOLUCIÓN DE LAS PRESAS EN FUNCIÓN DE LOS PREDADORES. 135

En el Universo todo está formado por el mismo conjunto limitado de elementos o tipos de átomos; lo que cambia es su organización para constituir un árbol, una roca, un ser humano, etc. Dicha organización necesita, si lo decimos en términos informáticos, de un software o programa. Y ese software es un ***plan*** *que es, de alguna forma,* ***mental****.*

1. LA MENTE DE LA NATURALEZA

Pautas matemáticas en la naturaleza

Si observamos con atención cualquier aspecto del mundo natural, del cual la especie humana forma parte integrante, siempre llegaremos a la siguiente conclusión ineludible: *Dentro de la naturaleza todo se las arregla para organizarse o estructurarse buscando y encontrando un equilibrio que permita y asegure la continuidad, tanto de la globalidad como de cada subsistema dentro del sistema global.*

Generalmente damos por sentado que las cosas son como son, y no solemos preguntarnos por qué los tigres tienen esas rayas en su piel o cómo surge el torbellino que se forma en el agua cuando cae por un sumidero. Sin embargo, el mundo inorgánico se revela como una fuente inagotable de pautas geométricas estructuradas, como podemos observar en las burbujas, los copos de nieve, la estructura de los cristales, etc., y dichas pautas geométricas siempre pueden describirse mediante ciertas leyes matemáticas.

Pero las regularidades no son exclusivas de los objetos inanimados. Algunas propiedades de los seres vivos también surgen como consecuencia de regularidades matemáticas que subyacen en el mundo inorgánico y que se manifiestan como estructuras o formas durante la evolución, el comportamiento y las interacciones de dichos organismos. Es decir, muchos aspectos concernientes a la biología pueden entenderse mejor apelando a determinadas pautas subyacentes físico-matemáticas, y éstas pueden encontrarse tanto a escala molecular como si estudiamos el funcionamiento de los grandes ecosistemas.

Por ejemplo, algunos organismos vistos al microscopio, como la ameba, tienen un tipo muy primitivo de voluntad. Cuando se analizan sus movimientos puede constatarse que dichos organismos parecen moverse atendiendo a su sensibilidad química; son las señales químicas que hay a su alrededor las que les estimulan, guiándoles en cierta forma. La ameba tiene una consciencia muy básica, aunque sigue siendo consciencia. Podría decirse que es casi limítrofe entre la consciencia de lo orgánico y la de lo inorgánico.

En el comportamiento de colonias enteras de organismos también pueden identificarse principios matemáticos, aunque no tanto ecuaciones específicas como características genéricas de clases enteras de ecuaciones. Esto tiene que ver con el concepto de coherencia, que trataremos más adelante en este libro.

Obviando el hecho de que, en último término, todo en la naturaleza es vibración, dentro del mundo macroscópico que perciben nuestros sentidos las ondas constituyen un tipo de pauta muy frecuente. Las pautas ondulatorias aparecen por todas partes, tanto en líquidos como en gases, e incluso en sitios tan insospechados como los desiertos, si atendemos a la formación de sus dunas. Y no están asociadas solamente a regularidades en el espacio, como ocurría con los ejemplos anteriormente mencionados, sino que muchas de dichas pautas están ligadas también al tiempo.

Como sabemos, el sonido es el resultado de la propagación de una onda periódica en el aire, y la luz, los rayos X o las microondas son ejemplos de ondas electromagnéticas. Para estudiar fenómenos como la electricidad, el calor, los fluidos, la luz, el sonido, etc., resulta muy útil utilizar una rama de la matemática llamada *cálculo diferencial*, que permite describir esos fenómenos mediante ecuaciones diferenciales y ecuaciones en derivadas parciales.

Pero no vamos a tratar con este último tipo de fenómenos, ya que eso correspondería a un libro de teoría ondulatoria. En general, el cálculo diferencial con el que se estudian esos fenómenos ondulatorios es radicalmente diferente del tipo de matemáticas que se necesitan para describir el mundo orgánico; el matemático Ian Stewart ha manifestado que sería preciso desarrollar una nueva rama de la matemática como ayuda para iluminar algunas cuestiones de la biología: la evolución, la dinámica del ecosistema, la reproducción o el desarrollo de los organismos. Según él, ese tipo de matemáticas debe basarse en el razonamiento cualitativo, como el del concepto "espacio de fases" (el espacio de todos los comportamientos posibles de un sistema), al cual dedicaremos un apartado propio en el capítulo 2.

La sucesión de Fibonacci y el número de oro

Creo interesante partir del archiconocido caso del número áureo. Si conseguimos acceder a su comprensión comenzaremos con buen pie, ya que entenderemos que el diseño de la naturaleza posee un significado inteligente.

Un ejemplo característico bastante llamativo que muestra una regularidad matemática en un organismo es el referente a las conchas marinas. Sabemos que las conchas marinas exhiben espirales basadas en pautas matemáticas; como el conocido Nautilus, cuya concha obedece a una espiral logarítmica,[1] de modo que las distancias entre sus brazos se incrementan según una progresión geométrica. Pero las particularidades de su geometría no quedan ahí; si se analiza cuantitativamente la estructura de la espiral, se descubre que sus medidas están relacionadas con la conocida sucesión numérica descubierta por Leonardo de Pisa (también conocido como Fibonacci) a principios del siglo XIII. Podemos comprobarlo. Dicha sucesión se define recursivamente como:

$$f_1 = 1$$
$$f_2 = 1$$
$$f_n = f_{n-1} + f_{n-2}, \text{ para todo } n > 2.$$

O, lo que es lo mismo, cada número de la sucesión se calcula sumando los dos números anteriores, siendo los dos primeros números de la sucesión iguales a 1. Así, los primeros números de la sucesión infinita de Fibonacci son: 1, 1, 2, 3, 5, 8, 13, 21, 34, 55, 89, 144, 233, 377, 610, ...

Si colocamos un conjunto de cuadrados, cuyos lados tienen de longitud los términos de esa sucesión, formando una espiral con arcos de circunferencia cuyos radios son los lados de los cuadrados, obtendremos una figura con proporciones equivalentes a las de esas conchas:

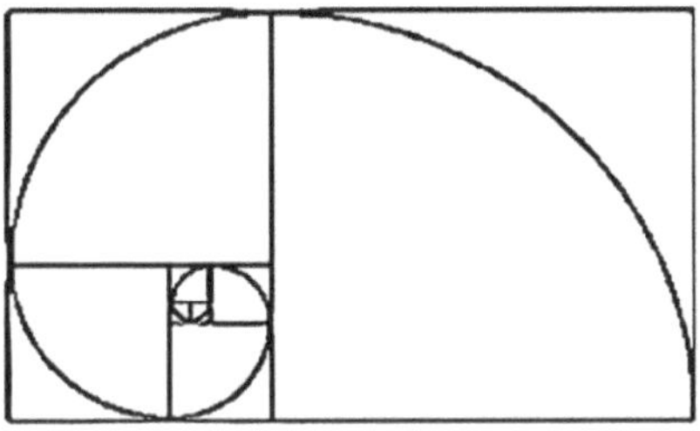

Figura 1. Construcción de una espiral mediante los números de Fibonacci.

Este tipo de espiral inserta en un rectángulo ("áureo", según veremos) resulta ser una figura de proporciones equivalentes a las que tienen las espirales logarítmicas de las conchas. Otro caso de espirales logarítmicas en la naturaleza, cuya forma corresponde a dicho tipo de proporciones, lo constituye el grandioso ejemplo de algunas galaxias espirales.

Leonardo de Pisa presentó en 1202 esta importante sucesión numérica en un libro de aritmética, como la solución a un problema basado en la cría de conejos. El planteamiento del problema en el que se pretende calcular la evolución en las poblaciones de conejos se basa en las siguientes premisas:

- Se presupone que los conejos están aislados del exterior.
- Originalmente sólo hay una pareja de conejos (macho y hembra) que aún no pueden reproducirse mientras no tengan al menos un mes de edad.
- Desde la fecundación tardan un mes en aparecer las crías, se asume que cada camada consiste en una

pareja de dos conejos y que todas las parejas consiguen sobrevivir.

- Se repite indefinidamente el proceso: transcurre un mes hasta que cada nueva pareja se convierte en una pareja madura capaz de reproducirse, la cual, al cabo de otro mes, da lugar a una siguiente pareja y, además, sobrevive progresando ella misma al siguiente mes y sucesivos mientras continúa procreando.

La solución del problema consiste en la sucesión de números que se obtiene al observar el número de parejas que hay al principio de cada mes, 1, 1, 2, 3, 5, 8, ..., y resulta coincidir con la misma sucesión numérica de Fibonacci, como podemos comprobar en la siguiente figura.

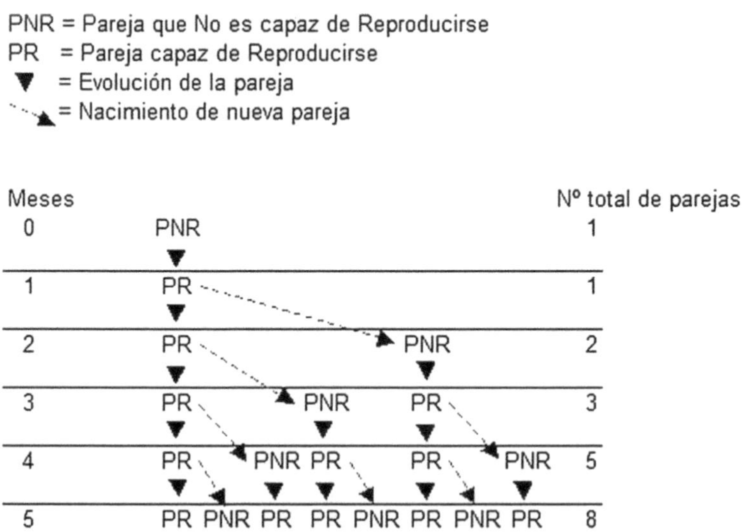

Figura 2. Evolución de la población de conejos.

Si se divide cada número de la sucesión entre su vecino anterior (1/1, 2/1, 3/2, 5/3, 8/5, 13/8, 21/13, ...) se obtiene la llamada tasa de crecimiento, que es el factor según el cual se incrementa la población de conejos tras cada estación de cría, y comprobamos que, a medida que avanzan los cocientes, éstos tienden al límite de la sucesión, el número irracional $\frac{1+\sqrt{5}}{2} = 1{,}61803399...$ denominado *Número Aureo* o, popularmente, *Número de Oro*, y representado habitualmente por la letra φ.

Como, cada mes que transcurre, la población se multiplica por ese factor, decimos que el tamaño de la población aumenta de una manera exponencial, ya que, una vez estabilizado el valor del cociente entre elementos consecutivos a valores muy cercanos a φ, el tamaño que aumenta la población en n generaciones es proporcional a la tasa de crecimiento (φ) elevada a la n-ésima potencia.

El número áureo está también presente en la geometría: Dentro de un segmento cualquiera AC existe un punto B para el cual el resultado de la división entre AB y AC es igual al resultado de la división entre BC y AB, creando lo que se llama una *proporción o sección áurea.*

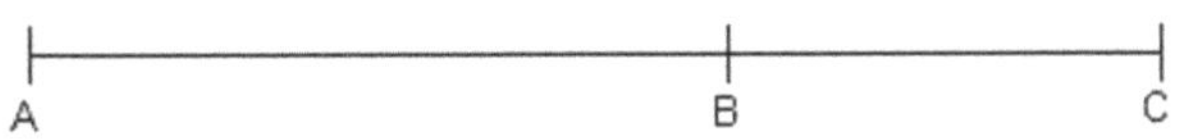

Figura 3. Segmento con una sección áurea dada por la posición del punto B.

Si AC = 1, y a la longitud de AB la llamamos x, entonces $\frac{AB}{AC} = \frac{BC}{AB}$ se convierte en $\frac{x}{1} = \frac{1-x}{x}$, lo cual da lugar a la ecuación de segundo grado $x^2 + x - 1 = 0$, que se puede resolver utilizando la fórmula cuadrática, obteniendo

$$x = AB = \frac{-1+\sqrt{5}}{2} = 0{,}61803399...$$

y, en consecuencia: $\frac{AC}{AB} = \frac{1}{x} = 1{,}61803399... = \varphi$

El rectángulo en el que se inscribe la espiral logarítmica tiene proporciones áureas, ya que su altura dividida por su longitud es igual a ese valor x, o, lo que es lo mismo, su longitud es igual a su altura multiplicada por φ.

En la geometría, el número áureo o valor φ=1,61803399... se ha conocido desde la antigüedad, porque relaciona de forma proporcional las partes de un cuerpo, recibiendo también en ese caso la denominación popular de "divina proporción".

Los artistas del Renacimiento utilizaron la divina proporción en la pintura, escultura o arquitectura, para lograr en sus obras la belleza del equilibrio geométrico. El "Hombre de Vitruvio" es un famoso dibujo de Leonardo da Vinci, que representa una figura masculina desnuda, inscrita en un círculo y un cuadrado, sobre-imponiendo dos posiciones de brazos y piernas. El círculo está centrado en el ombligo y el cuadrado en los genitales, siendo la relación entre el lado del cuadrado y el radio del círculo igual a la proporción áurea. Con ello, Leonardo quiso representar la manifestación real de la proporción áurea en las medidas del cuerpo humano. Por ejemplo, esta proporción se manifiesta (entre algunos otros casos de las dimensiones de varias partes del cuerpo) en la relación entre la estatura de un ser humano y su altura hasta el ombligo.

En la naturaleza existen muchos más ejemplos de casos relacionados con la proporción áurea, como ocurre con la relación entre el número de abejas machos y el de hembras en un panal, la distancia entre las espirales de una piña, o la disposición de los pétalos de las flores, por poner algunos ejemplos.[2]

Es ya de dominio bastante popular la influencia del número áureo y la sucesión de Fibonacci sobre la estructura de las plantas: si contamos los pétalos, sépalos u otros elementos de las flores, los números más frecuentes que encontraremos son los que componen aquella pauta. Aunque hay excepciones, la mayor parte de las sucesiones numéricas observadas en ellas proceden de dos modificaciones de la sucesión de Fibonacci; una de ellas obedece simplemente a la duplicación de los números, y la otra corresponde a la secuencia siguiente: 1, 3, 4, 7, 11, 18, 29,... que también funciona con la misma pauta aditiva pero partiendo, al inicio, de diferentes números (al cambiar el 2 por un 3).

En las plantas, los números surgen como formando parte de la dinámica del proceso de desarrollo vegetal: las semillas germinan produciendo muchas raíces que crecen hacia abajo y un solo brote que crece hacia arriba. A medida que crece la planta, en la punta del brote van apareciendo nuevas células que, al considerar el orden en que aparecen, puede verse que se alinean en espirales de Fibonacci, ya que los ángulos de divergencia entre las sucesivas células del brote están siempre muy próximos a 137,5 grados, *el ángulo áureo*,[3] llamado así porque su ángulo conjugado es (360°-137,5°) = 222,5°, y 222,5° representa la proporción áurea angular, pues es igual a $360°/\varphi$. Ese ángulo de 137,5° es también el ángulo de divergencia que se observa en la cabeza de los girasoles, formando el característico patrón espiral que muestran las posiciones de sus semillas.

En el siguiente dibujo he numerado las hojas de un brote, según su orden de aparición respetando el ángulo áureo.

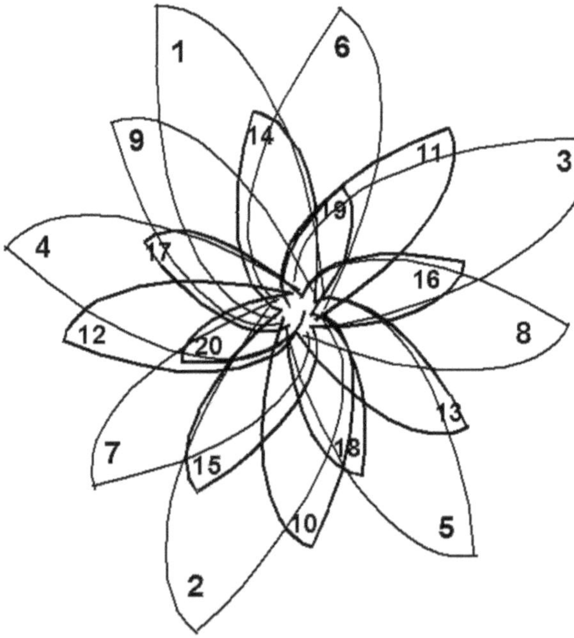

Figura 4. Posiciones de aparición de las hojas en un brote, alineándose según el ángulo áureo.

Se puede describir matemáticamente esta filotaxis (disposición de las hojas en una planta) espiral, para saber el ángulo en el que sale cada determinada hoja *n* del brote; para ello propongo lo siguiente:

1) Sabemos que la diferencia entre dos ángulos sucesivos es 137,5° = 360° - 222,5° = 360° - (360°/φ) = 360° (1 - 1/φ).

2) Podemos expresar en radianes el valor total del ángulo acumulado durante el continuo giro: ϑ_n (dicho valor puede ser mayor que 2π). De aquí, la expresión que da los valores de los ángulos sucesivos, en radianes, es $\vartheta_n = \vartheta_{n-1} + 2\pi(1 - \frac{1}{\varphi})$, ya que el ángulo acumulado es igual al ángulo anterior más 137,5°.

3) La expresión anterior podemos escribirla como $\vartheta_n = \vartheta_0 + 2\pi n(1 - \frac{1}{\varphi})$, siendo ϑ_0 un ángulo inicial de partida que puede tomar como referencia inicial el valor 0. En ese caso, $\vartheta_n = 2\pi n(1 - \frac{1}{\varphi})$, ó $\vartheta_n = 360n(1 - \frac{1}{\varphi})$ expresada en grados.

4) Para valores altos de *n*, el valor del ángulo obtenido ϑ_n resulta ser una cifra mayor de 360°, con poco significado intuitivo. Para obtener un valor de ángulo menor o igual a 360°, simplemente se puede extraer la parte

decimal del resultado de la expresión $n(1-\frac{1}{\varphi})$ y multiplicarla por 360 o por 2π, según si se desea que las unidades sean grados o radianes.

Pero la influencia de esta importante sucesión matemática no se limita al crecimiento de las plantas o a sistemas biológicos en general, sino que está presente en un gran número de diferentes sistemas dentro de la naturaleza. Por ejemplo, en un sistema físico que no tiene nada que ver con la botánica, como es una red de flujo magnético de Abrikosov en un material superconductor con estructura estratificada, se pueden observar pares de números de Fibonacci consecutivos. Si se observa la dinámica de dicha red bajo la variación del campo magnético puede apreciarse que produce estructuras muy similares a las conocidas en botánica, lo cual significa que la disposición de las líneas de flujo magnético en los superconductores se puede considerar equivalente a un ejemplo de filotaxis. Para una explicación más detallada sobre este tipo de superconductores, consultar el apéndice al final del libro.

Al comentar el resultado del problema de la población de conejos dijimos que la sucesión de Fibonacci crece de forma exponencial, ya que cada número de la sucesión puede calcularse como una potencia de φ multiplicada por un factor. Es decir, para n lo suficientemente grande, como $n \geq 20$ (o bien $n \geq 7$, si se admite un error menor de una centésima), la población en n generaciones es proporcional a φ elevado a la n-ésima potencia. Se puede calcular fácilmente (por ejemplo, en una hoja de cálculo) que la constante de proporcionalidad es

$\frac{1}{\sqrt{5}}$. Así, dado que el número φ es, en el límite, igual a $\frac{1+\sqrt{5}}{2}$, para $n \to \infty$ (o valores grandes de n) podemos expresar la sucesión de Fibonacci de la forma $f_n = \frac{1}{\sqrt{5}}\varphi^n$, que se puede escribir como $f_n = (\frac{1}{2\varphi - 1})\varphi^n$, siendo n el número de orden del elemento f_n de la sucesión. Cada elemento es el resultado de una función iterativa que multiplica el elemento anterior por la constante φ.

Leyes de escala alométricas

En la naturaleza, las expresiones que relacionan dos variables de forma potencial son frecuentes. Es el caso de las leyes de escala alométricas, que consiguen expresar matemáticamente algunas de las relaciones fundamentales de los sistemas biológicos. Un conocido ejemplo de escala alométrica es la ley de Kleiber, que expresa la correspondencia entre la masa de un animal y su tasa metabólica basal, que indica la cantidad mínima de energía necesaria para mantenerse vivo. Dicha ley se expresa como $T_{mb} = A_0 M^{3/4}$, con el resultado expresado en Kcal/h, siendo A_0 una constante taxonómica empírica que se toma igual a 70 para mamíferos y otros grupos animales.

Básicamente, la ley alométrica sólo sería un caso particular de una expresión iterativa general $x_{t+1}=Kx_t^{-\zeta}$.

Pero ¿por qué la constante toma el valor 70? En un primario y lúdico intento de expresar la ecuación mediante constantes naturales conocidas, he encontrado la siguiente expresión alternativa para la ley de Kleiber:

$$T_{mb} = (100\frac{\delta}{\varphi}M)^{3/4}$$

Siendo δ la constante de Feigenbaum (propia de los fenómenos al límite del caos, como veremos más adelante en el capítulo 2) y φ el número áureo. Esta expresión resulta matemáticamente funcional por la simple razón de que $(100\frac{\delta}{\varphi})^{3/4} = 70{,}0150236$, valor muy cercano a la constante definida como $A_0 = 70$.

Como ocurre en muchos modelos matemáticos de fenómenos naturales, al expresar la relación anterior mediante escalas logarítmicas se obtiene una línea recta. Así, tomando logaritmos, $LogT_{mb} = \frac{3}{4}Log(100\frac{\delta}{\varphi}M)$, y separando el término constante, $LogT_{mb} = \frac{3}{4}Log(100\frac{\delta}{\varphi}) + \frac{3}{4}LogM$, expresión que corresponde a una recta de pendiente ¾, con el primer término como ordenada en el origen (de valor aproximado 1,845) .

Podríamos justificar la fórmula (antes de tomar logaritmos), de manera general, como sigue: La energía que desarrolla el cuerpo está relacionada con la masa, pero ésta está distribuida en aquel según parámetros geométricos en los que la constante φ cumple un importante papel; por ese motivo, el denominador corresponde a una normalización de la masa debido a la geometría corporal. El factor δ respondería, en la relación entre masa y tasa metabólica basal, a la existencia de algún proceso biológico iterativo con un parámetro que provoca duplicaciones de período en el valor de la variable iterada. Finalmente, el 100 sería un factor de escala.

Respecto al exponente ¾ en la ley de Kleiber, la colaboración multidisciplinar entre el físico Geoffrey West y los biólogos James Brown y Brian Enquist ha concluido que no se trata de una casualidad, sino que responde a un principio general de todos los seres vivos, derivado de la existencia de varias redes con estructura *fractal* incluidas en todo el cuerpo (respiratoria, circulatoria, renal, neuronal, etc.), siendo los tipos de terminales o capilares comunes a todos los seres vivos. Según estos autores, la estructura fractal de dichas redes, que es capaz de integrar múltiples niveles de subunidades (unidades subcelulares, células, tejidos, órganos) permite minimizar la energía necesaria para el funcionamiento del organismo, distribuyendo de la manera más eficiente posible los nutrientes, la información, la energía y la eliminación de los residuos, y es ese carácter fractal de la estructura de las redes de distribución lo que determina el valor ¾ en el exponente. Su carácter fraccionario se verá justificado en el siguiente apartado.

Los fractales

Algunas de las estructuras que podemos observar en la naturaleza consisten en repeticiones auto-contenidas de unas mismas formas básicas. Esto puede comprobarse claramente fijándonos en la forma de algunos vegetales como, por ejemplo, un brócoli o una coliflor: podemos ver cómo los pequeños trozos de una coliflor se asemejan, en una menor escala, a la coliflor completa. Generalizando, podemos decir que los patrones característicos de las formas fractales pueden observarse en escalas menores, de forma repetida, resultando dichos patrones semejantes a los de la forma global; los fractales se forman como si ensamblaran copias de sí mismos.

El ejemplo de la coliflor lo utilizó Benoit Mandelbrot, físico y matemático de origen polaco, en su obra de 1982 *La Geometría Fractal de la Naturaleza*, cuando desarrolló el campo de la geometría fractal, que ha desempeñado un papel crucial en la posteriormente denominada teoría del caos. Según Mandelbrot, la geometría de los fractales está más cercana a las formas reales de la naturaleza que la geometría euclidiana, y puede proporcionar mejores aproximaciones formales de los procesos físicos y biológicos. Los fractales están en cualquier parte de la naturaleza: los árboles, las montañas, las hortalizas, los fenómenos geológicos y atmosféricos, el cuerpo humano, etc.

El término "fractal" procede del latín "fractus", que significa piedra quebrada e irregular. Técnicamente, dentro de la geometría desarrollada por Mandelbrot, los fractales están descritos como formas geométricas irregulares, no euclidianas, con la particularidad de que, visualizándolos en diferentes escalas, tienen el mismo grado de irregularidad en todas ellas. Es decir, en la forma general de un fractal subyace una pauta de repetición que se manifiesta en la subestructura. El todo está formado por partes similares a él, no existiendo una escala fundamental sino una repetición de la forma observada, en una cascada de versiones auto-semejantes más pequeñas. Así, la autosemejanza es la principal propiedad de un fractal, y consiste en que cualquier sección que se pueda delimitar en él tiene un aspecto o forma similar a la del objeto completo.

Dicho de otro modo, la forma de un fractal es invariante frente a cualquier cambio de escala: sus irregularidades se repiten cuando se observa a mayor resolución; el perfil de la costa, las ramas de un árbol, las nubes,... son objetos con autosemejanza, su forma es independiente de la escala de observación, dentro de los órdenes de magnitud que en la práctica tienen sentido. De esta forma, la autosemejanza hace que cualquier subsistema de un sistema fractal equivalga geométricamente al sistema entero. En casos donde las piezas pequeñas no se corresponden con el sistema completo pero sí tienen el mismo aspecto, se dice que el fractal sólo es *estadísticamente auto-semejante*.

El hecho de poder observar la autosemejanza en las formas de la naturaleza puede recordarnos la conocida frase del milenario libro esotérico *El Kybalion*: "Como es arriba, es abajo".[4] Y teniendo en cuenta que cada forma puede considerarse compuesta por partes más pequeñas, o por una red de elementos, la autosemejanza también nos muestra que en el mundo natural existen redes de elementos dentro de otras redes.

Ya en su artículo *¿Cuánto mide la costa de Gran Bretaña?,* publicado en 1967, Mandelbrot demostró que la medición de una línea geográfica real depende de la regla o escala mínima que se utilice para medirla, debido a que los detalles más pequeños de esa línea sólo aparecen al reducir la escala de la regla de medir. Es decir, que al medir una costa con unidades de medida de un kilómetro se obtiene un perímetro mayor que con unidades de diez kilómetros. Mostró empíricamente que la longitud se incrementa de forma ilimitada a medida que disminuye la longitud del tramo que se utiliza para medir. El artículo no dice que las líneas costeras sean fractales propiamente dichos (lo cual no sería cierto y, además, en ese año Mandelbrot todavía no había acuñado dicho término), pero sí muestra que esas líneas pueden comportarse empíricamente como un fractal al tener en cuenta las escalas de medida.

Debido precisamente a la complejidad no lineal de algunos sistemas fractales como esos, no se puede realizar el cálculo exacto de sus dimensiones verdaderas (su longitud, su área o su volumen), por lo cual Mandelbrot introdujo el concepto *dimensión fractal* para caracterizar el "grado de quebrado" de una figura y proporcionar así una medida del grado de irregularidad de dicho objeto. Por ejemplo, una línea quebrada en un plano ocupa más espacio que una línea recta (la cual tiene dimensión 1), pero llena menos espacio que un plano (que tiene dimensión 2); así, según Mandelbrot, la dimensión fractal de la línea quebrada es un número que está entre 1 y 2.[5]

Es este concepto de dimensión fractal lo que ha permitido a West, Brown y Enquist justificar el valor ¾ en el exponente de la ley de Kleiber, mencionada anteriormente. Cuando un objeto o proceso no posee una escala característica, sino que a su formación contribuyen diversas escalas como ocurre en los procesos auto-semejantes, entonces su dimensión no suele ser entera sino fraccionaria. Es decir, la dimensionalidad fraccionaria es propia de los objetos y procesos fractales o auto-semejantes.

Para la construcción artificial de fractales se utilizan procesos matemáticos o geométricos basados en la iteración o repetición,[6] como ocurre con la estrella de Koch donde, partiendo de un triángulo equilátero, se colocan sucesivos triángulos equiláteros en el centro de cada segmento, de manera iterativa. Se trata de un ejemplo muy sencillo de obtención de una figura auto-semejante.

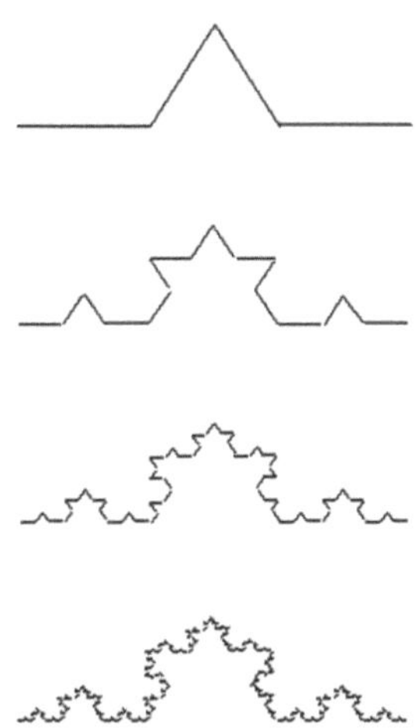

Figura 5. Construcción de la estrella de Koch.

Ecuaciones iterativas

A principios del siglo 20, el matemático francés Gaston Maurice Julia estudió el comportamiento de la iteración de funciones, con la particularidad de que lo hizo utilizando números complejos,[7] encontrando así ciertos lugares geométricos que han sido llamados *Conjuntos de Julia.*

Cada *Conjunto* está asociado a un determinado número complejo c. Por ejemplo, c es un número complejo que define concretamente al conjunto de Julia J_c, el cual se obtiene mediante la siguiente sucesión de números, donde z es un número complejo cualquiera:

$$z_0 = z$$
$$F(z_0) = z_1 = z_0^2 + c$$
$$F(z_1) = z_2 = z_1^2 + c$$
....
$$F(z_n) = z_{n+1} = z_n^2 + c$$

Es decir, para comenzar el cálculo se parte de un número complejo cualquiera z que es el elemento inicial z_0. Cada elemento sucesivo se calcula elevando al cuadrado el elemento anterior y sumando al resultado el número complejo c que define al conjunto. Si la sucesión obtenida resulta estar acotada (es decir, no tiende a infinito), entonces el número complejo de partida, z, pertenece al conjunto de Julia J_c.

Hasta después de la invención del ordenador no se pudieron representar gráficamente estos Conjuntos, ya que su cálculo exige probar cualquier número complejo z, y decidir en cada caso si dicho número pertenece o no al conjunto J_c, según si la sucesión queda acotada o si, por el contrario, tiende a infinito. Gráficamente, los conjuntos de Julia son figuras fractales, y la iteración permite generarlos mediante ordenador haciendo uso de ecuaciones iterativas no lineales.

Benoit Mandelbrot conocía los trabajos de Gaston M. Julia desde su juventud, porque se los había enseñado (y recomendado que los continuase estudiando) un tío suyo, que era profesor de matemáticas en el Collège de France de París. Mandelbrot retomó dichos estudios a finales de los años 70 cuando trabajaba para IBM en un centro de investigación de Nueva York, debido a lo cual disponía de ordenadores. Le habían encargado el estudio de las perturbaciones que afectaban a las transmisiones electrónicas, y al representar gráficamente los datos de dichas perturbaciones observó que siempre se obtenía una forma similar, independientemente de la escala de aumento que utilizase. Mandelbrot relacionó con los trabajos previos de Julia la autosemejanza que había encontrado en sus estudios sobre las perturbaciones y, mediante el uso del ordenador, probó a modificar el proceso iterativo de Julia, fijando el punto z_0 en el valor cero y convirtiendo en variable el número complejo c. De esta forma construyó el llamado *Conjunto de Mandelbrot,* que es el conjunto de números complejos para los cuales la sucesión de puntos que se obtienen está acotada, utilizando el siguiente método iterativo:

$$z_0 = 0$$

$$F(z_0) = z_1 = z_0^2 + c$$
$$F(z_1) = z_2 = z_1^2 + c$$
....
$$F(z_n) = z_{n+1} = z_n^2 + c$$

siendo c variable.

Si se representan con color negro los puntos c que dan lugar a sucesiones acotadas, y se asignan otros colores a los puntos en el gráfico según lo rápido que tienden a infinito, se obtiene gráficamente el conjunto de Mandelbrot, que es un conocido fractal (en internet existe abundante material gráfico con múltiples niveles de zoom sobre esta figura, mostrando su peculiar belleza):

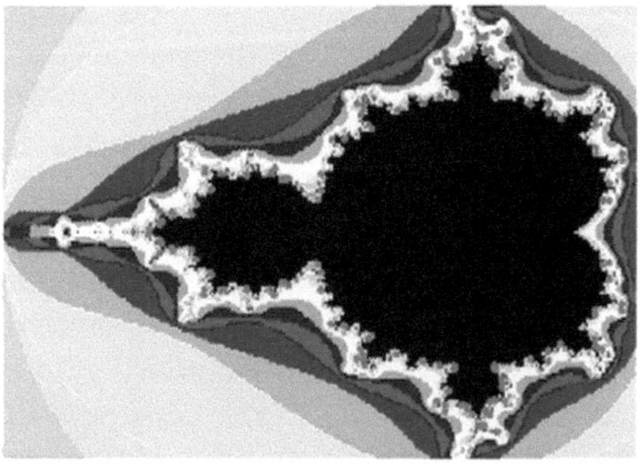

Figura 6. Conjunto de Mandelbrot

Sistemas de Lindenmayer

Se han conseguido generar por ordenador formas fractales, mediante determinados programas basados en los denominados *Sistemas de Lindenmayer* o *L-Sistemas*. Estos L-Sistemas fueron desarrollados en 1968 por el biólogo y botánico húngaro Aristid Lindenmayer, y con ellos se pueden reproducir patrones o formas fractales de gran complejidad.

Se podría decir que Lindenmayer se inspiró, para desarrollar los L-Sistemas, en las gramáticas formales del prolífico lingüista y filósofo Noam Chomsky. Dichas gramáticas están compuestas básicamente por un conjunto de símbolos, otro de reglas de producción y un axioma o estado inicial del sistema. Lindenmayer aplicó una especie de gramática de ese tipo para intentar reproducir la secuencia ordenada que poseen las células de un filamento de un determinado tipo de alga.

Un ejemplo de L-Sistema como el que propuso originalmente Lindenmayer sería el siguiente:

1 - Los símbolos o variables son de dos tipos, *A* y *B*, que representan dos diferentes estados citológicos relacionados con la predisposición para la división y con el tamaño de la célula.

2 - Las reglas gramaticales o de producción son las siguientes: Cuando se divide una célula que se encuentra en estado *A* se genera una pareja de dos células, una en estado *A* y otra en estado *B*; dicha pareja puede representarse por

"*AB*". Cuando se divide una célula que está en estado *B* se genera una pareja "*BA*", formada por una célula en estado *B* seguida de otra en estado *A*.

3 - El axioma inicial del L-Sistema es una simple célula originaria con la que se inicia el proceso. A partir de ese estado inicial se aplican las reglas de producción, de manera iterativa.

Si la célula inicial está en el estado *A*, el filamento crecerá en el tiempo de la forma siguiente:

Momento temporal	Células que se dividen	Resultado
t=0	*A*	*AB*
t=1	*AB*	*ABBA*
t=2	*ABBA*	*ABBABAAB*

y así sucesivamente.

Dos de sus entonces estudiantes, Paulien Hogeweg y Ben Hesper (los investigadores de biología teórica que más tarde acuñaron el término "bioinformática"), se dieron cuenta de las posibilidades que tenían los L-Sistemas para la representación gráfica de plantas y, en 1970, crearon un programa capaz de imprimir la estructura de una hoja vegetal. Aunque la iniciativa no gustó a Lindenmayer, la idea consiguió circular y, finalmente, tras conocer al informático Przemyslaw Prusinkiewicz, Lindenmayer terminó publicando junto a él, en 1990, el libro *La belleza algorítmica de las plantas*.

Con estas gramáticas se consigue producir y representar ramificaciones de tipo arbóreo, que se suelen utilizar para simular las estructuras y los procesos de crecimiento de los árboles y otras plantas, de un modo más efectivo que mediante el álgebra convencional. Como los L-Sistemas utilizan el método iterativo, también se pueden generar o modelar con ellos otros tipos de formas fractales auto-semejantes, o las morfologías de otros tipos de organismos. Además del crecimiento de árboles y plantas, se pueden utilizar en la simulación de una gran variedad de procesos diferentes como planificación y diseño de ciudades, interacción entre ecosistemas y seres vivos, sistemas complejos, redes neuronales, simulaciones informáticas de "vida artificial", etc.

Pero, como veremos a continuación, la simulación teórico-matemática de la morfología de las plantas no es algo nuevo.

Las Simetrías y el Bauplan de los Clásicos

En su conocida obra, de 1917, *Sobre el crecimiento y la forma*, el biólogo y matemático escocés D'Arcy L. Thompson analizó cómo se determina la forma de las estructuras biológicas (aplicando dicho análisis para describir tanto el desarrollo de las plantas como algunas partes periféricas del cuerpo humano), mediante la interacción física de las presiones y las tensiones con las asimetrías estructurales y las anisotropías.[8] Demostró que las matemáticas pueden explicar, mejor que la teoría de la evolución, el papel de la mecánica y de la física en la generación de las estructuras y formas de los organismos vivos.

Pero ¿qué es lo que provoca el surgimiento de las regularidades geométricas en el mundo natural? Thompson intentó mostrar que la *simetría* es una propiedad de los organismos que tiene que ver con las formas en que pueden existir las cosas en el mundo físico. En el Universo existen ciertas simetrías fundamentales y, como consecuencia de ello, estamos rodeados de pautas de toda clase. La simetría es el principio profundo que genera la formación de pautas dando lugar a los conceptos de orden e información y, en último término, a otros que surgirán más adelante en este texto, como "autonomía", "emergencia", "bifurcación", etc.

Llegados a este punto, es necesario distinguir claramente entre las Formas desde el punto de vista abstracto, y la materia física sobre la que dichas Formas se manifiestan. Ya los filósofos pitagóricos afirmaron que los números constituyen la sustancia de las cosas, considerando que los patrones numéricos son algo que limita y da forma a la materia.

Otro antecedente de este enfoque en el mundo clásico está en la filosofía de Aristóteles, según la cual la materia y la forma se complementan para dar lugar a todos los fenómenos reales. Refiriéndose a la actuación de la *forma* sobre la materia, Aristóteles utilizó el término *entelequia* para expresar el proceso mediante el cual una esencia o materia consigue autorrealizarse en el fenómeno real, al actuar la forma sobre ella. Designó así al principio interno de acción que, mediante un movimiento interno estructurado u ordenado, dirige los cambios o transformaciones en los seres para que manifiesten su plan arquitectónico individual. En su Metafísica podemos leer, por ejemplo: "(...) es propio de la substancia (...) que necesariamente preexista en entelequia otra substancia que la produzca, por ejemplo un animal, si se genera un animal".[9] Y "la definición de lo que por obra de la inteligencia llega a estar en entelequia desde su estado en potencia es «cuando, habiéndolo querido, llega a ser, no impidiéndolo nada externo»".[10]

Es decir, según Aristóteles, durante el proceso de cambio, cada ser hace efectivas en sí mismo las cualidades que poseía anteriormente en forma de potencialidad, y es capaz de realizarlo gracias a la entelequia, que es, al mismo tiempo, la causa formativa (como movimiento interno ordenado o estructurado), y la causa final o propósito interiorizado de dicho organismo. Por ejemplo, una semilla tiene como "objetivo mental" convertirse en un árbol. El árbol es su entelequia, como objeto al que tiende por sí misma con el fin de realizar su potencialidad, y como impulso activo para conseguirlo.

A finales del siglo XIX, el embriólogo Hans Driesch, perteneciente al enfoque vitalista en biología, recuperó el concepto aristotélico de entelequia, y habló de "prospectivas potencias". Según Driesch, las formas de la biología son anteriores al propio organismo, que constituye un todo superior a la suma de sus partes; todas las cosas vivas están influidas por una entelequia inmaterial que es responsable del desarrollo de los embriones. Su idea surge de la observación de que los embriones suelen soportar a veces grandes perturbaciones y, sin embargo, consiguen acabar desarrollándose como organismos funcionalmente normales.

Como vemos, desde hace siglos se acepta la idea de la existencia de un *Bauplan* universal para el desarrollo de animales y plantas. "Bauplan" es un término alemán que se utiliza para designar, con una sola palabra, al modelo de organización, tanto estructural como funcional, que caracteriza a un organismo vivo. Tiene que ver con que en un organismo correctamente organizado para la vida todas sus partes constituyentes deben ser compatibles, tanto estructural como funcionalmente, idea que nos aleja inexorablemente de cualquier consideración basada en el mero azar.[11]

Hace dos siglos, el insigne Johann Wolfgang Goethe se ocupó de comprender de una manera cualitativa las pautas o patrones de la naturaleza. Entre otros logros suyos en este sentido, introdujo el término *morfología* y desarrolló la teoría de los *tipos* como configuraciones unitarias abstractas.

Goethe investigó las relaciones entre las diferentes clases de plantas del mundo, teniendo en cuenta las variedades existentes en cada género o familia determinada. Dibujaba juntas las plantas de cada familia particular, pudiendo observar que las distintas formas de dichas plantas están todas relacionadas, al compartir diferencias similares. Eso le llevó al concepto de *Urpflanz (*que se podría traducir por *protoplanta*), haciendo con él referencia a un modelo o idea de planta originaria a partir de la cual surgen todas las plantas de un determinado tipo.

Con este concepto, Goethe no se refería a una concreta manifestación física de esa planta original, sino más bien a cierta clase de principio generativo. Como escribió en una carta de 1787 al filósofo J.G. Herder: “La planta original llega a ser la creación más maravillosa del mundo, de la que la misma naturaleza me ha de tener envidia. Con este modelo y su clave se puede, pues, inventar plantas hasta el infinito, que han de ser consecuentes, es decir, que, aunque no existieran, pudieran, sin embargo, existir, y que de ninguna manera son sombras o apariencias pictóricas o poéticas, sino que tienen verdad y necesidad interna. La misma ley se podría aplicar a todas las demás cosas vivientes”.[12]

Goethe concluyó que el principio generativo que da lugar a cada grupo o tipo de plantas contiene en sí mismo un orden de formas implícito, sujeto a una serie de posibles modificaciones, de tal manera que las manifestaciones físicas reales son plantas de diferentes características y formas finales aunque, atendiendo a su origen, estén de alguna manera relacionadas entre sí.

No resulta ilógico suponer que esos principios generativos particulares que dirigen la generación de formas en las plantas sean parte integrante de algo mayor: un *orden generativo* que subyace a todas las cosas. Las *Urpflanze* de Goethe representan los principios generativos que determinan los posibles tipos de plantas, y su generalización son las *Urforme (o protoformas primitivas)*: clases de principios generativos que determinan el tipo de organismos físicamente posibles.

Ahora sabemos que, mediante un proceso generativo fractal, pueden obtenerse grupos ordenados de formas que están relacionadas mediante diferencias semejantes como las que describía Goethe, tan sólo haciendo los cambios pertinentes en los parámetros que definen el orden fractal básico. Por tanto, un tipo de *orden generativo* está relacionado estrechamente con los fractales. Otro tipo de orden generativo estaría relacionado con el orden interno del que pueden surgir las formas manifiestas de las cosas, como el tipo de orden que describe el físico David Bohm en su conocida obra *La totalidad y el orden implicado*.

Una reciente formulación en biología que puede considerarse basada en el *Urform* de Goethe es el *programa generativo* del sudafricano Lewis Wolpert, catedrático de biología del desarrollo en el University College de Londres: "¿El DNA contiene una descripción completa del organismo por la cual éste se originará: es decir, un programa impreso para el organismo? La respuesta es no. En su lugar, el genoma contiene un programa de instrucciones para hacer un organismo –un programa generativo- (...) Un programa descriptivo como un programa impreso o un plan describe un objeto en algún detalle, mientras que el programa generativo describe cómo hacer un objeto. Para el mismo objeto el programa es muy diferente. Considérese el origami, el arte de plegar papel. Mediante el plegamiento de un trozo de papel en varias direcciones diferentes es bastante fácil hacer un sombrero o un ave a partir de una sola hoja. Describir en cualquier detalle la forma final del papel con las complejas relaciones entre sus partes es realmente muy dificultoso, y no brinda demasiada ayuda en la explicación de cómo llevar a cabo esto. Mucho más útiles y fáciles de formular son las instrucciones acerca de cómo plegar el papel. La razón de ello es que las instrucciones simples respecto del plegamiento tienen consecuencias espaciales complejas. En el desarrollo, la acción génica pone del mismo modo en movimiento una secuencia de procesos que pueden llevar a cambios profundos en el embrión. De esta forma, se puede concebir la información genética en la célula huevo como equivalente a las instrucciones de plegamiento en origami; ambas contienen un programa generativo para hacer una estructura en particular".[13]

La manifestación de la información codificada en el ADN

Pero, ¿de dónde extrae un ser vivo la información referente a la forma que ha de adoptar tras el proceso que constituye su desarrollo? De alguna forma, ¿podrían estar codificadas en su ADN las pautas matemáticas que describen los procesos organizadores que se manifiestan en ese organismo?

Según François Jacob, galardonado con el Premio Nobel de Fisiología o Medicina en 1965, "Lo que distingue una mariposa de un león, una gallina de una mosca o un gusano de una ballena no es tanto una diferencia en sus componentes químicos sino en la organización y la distribución de dichos componentes (...) La ejecución del programa genético se lleva a cabo a través de complejos circuitos reguladores que activan o desactivan las diversas actividades bioquímicas del organismo".[14]

El ADN codifica instrucciones que, al traducirse, se convierten en primera instancia en fabricación de proteínas, para construir molecularmente los organismos. Algunas secuencias especiales de ADN denominadas *genes homeobox* se encargan de decidir qué genes constructores de proteínas se activan; después las proteínas se sitúan en los lugares adecuados debido a alguna ley natural aún desconocida que permite al organismo constituirse según su patrón correcto (no es probable que ese efecto pueda deberse a influencias físicas externas).

La vida precisa de materia física, pero vemos que también necesita de estructuras y procesos que la organicen. Como señala el conocido matemático Ian Stewart, la morfología de un organismo está limitada por sus instrucciones de ADN, pero también por las leyes de la física y la química, y esas instrucciones codificadas en el ADN pueden elegir entre varias líneas diferentes de desarrollo que sean consistentes con aquellas leyes. Dicho de otra forma, el código genético hace posible la vida, pero los códigos de ADN sólo pueden manifestarse dentro de un determinado entorno que está obligado a colaborar con las leyes físicas y químicas. Stewart resalta la importancia de dichas leyes: "Los mismos principios matemáticos básicos de la formación de estructuras gobiernan la geometría de la división celular (...) Las matemáticas revelan una unidad común entre diferentes niveles del reino animado, una unidad que deriva de profundas características universales de las leyes de la física y la química".[15] Stewart describe las pautas geométricas características en la división de las células embrionarias, y la importancia de dichas pautas para el desarrollo de los organismos. Parece que los genes desencadenan la división celular, pero la física determina dónde van las partes una vez iniciada dicha división.

La complejidad de cualquier organismo adulto supera ampliamente la del código descrito en la estructura de su ADN, ya que el desarrollo se produce dentro de las leyes físicas que gobiernan el comportamiento de la materia, proporcionando dichas leyes un ingrediente imprescindible para que se manifieste la mencionada complejidad. También deberíamos tener en cuenta que la estructura de los organismos vivos es capaz de explotar las características de auto-similaridad de las formas fractales, cuya codificación podría resultar bastante sencilla si atendemos a las expresiones matemáticas basadas en la iteración. Aún no se conoce el proceso mediante el cual los organismos interpretan el significado de lo que tienen codificado: parece claro que no se puede atribuir al ADN toda la responsabilidad del desarrollo. Las fibras de ADN que están en las células de un organismo vivo son como la copia de un libro pero no incluyen *la mente que está leyendo dicho libro*.

Según Stewart, una forma de optimización que utilizaría el ADN, para reducir la cantidad de información a almacenar, sería codificar reglas simples que fueran capaces de generar los datos. Ciertas reglas matemáticas universales, capaces de expresar determinados efectos físicos y químicos, haciendo uso de las pautas naturales pertenecientes a los sistemas celulares, proporcionarían un conjunto de secuencias naturales de ramificación susceptibles de ser seleccionadas por los genes durante el desarrollo.

El desarrollo de la estructura de los órganos y la forma general de un organismo responde a un conjunto de procesos embrionarios que se denomina *morfogénesis*. Tales procesos están guiados por el ADN, de forma que en los embriones se establecen pre-pautas de modificaciones químicas latentes que esperan las etapas apropiadas del desarrollo con el fin de desencadenar la manifestación de características estructurales.

Últimamente puede considerarse que las ideas de D'Arcy Thompson siguen vivas si nos basamos, por ejemplo, en la actual teoría de la morfogénesis del sistema nervioso central, que propone la *tensión* como origen del sistema de conexiones de algunas áreas del cerebro (como el córtex) y de su dualidad funcional. David C. Van Essen, profesor de neurobiología de la universidad de Washington, señala que muchas características estructurales del sistema nervioso central de los mamíferos pueden explicarse mediante un mecanismo morfogenético basado en la tensión mecánica que actúa a lo largo de los axones, las dendritas y los procesos gliales. Según este investigador, la forma definitiva del cerebro sería debida a la interacción entre genética y física (fuerzas de tensión), teniendo en cuenta propiedades de simetría.

Algunos autores han especulado también con el papel que representan las rupturas de simetría espacio-temporales en el fenómeno de la morfogénesis. El concepto de ruptura de simetría podemos ilustrarlo con la reflexión que hizo uno de los padres de la mecánica cuántica, el físico Erwin Schrödinger, cuando expresó su idea de que el origen de la información genética tiene lugar en la aperiodicidad: "Una molécula pequeña podría ser denominada «el germen de un sólido». Partiendo de uno de esos pequeños gérmenes sólidos parecen existir dos caminos diferentes para construir asociaciones cada vez mayores. Uno de ellos, bastante rudimentario en comparación, consiste en repetir una y otra vez la misma estructura en tres direcciones. Es el elegido en el caso de un cristal en crecimiento. Una vez establecida la periodicidad, no se presenta un límite definido para el tamaño del agregado. El otro camino consiste en ir construyendo un agregado cada vez más extenso sin el torpe recurso de la repetición. Este es el caso de las moléculas orgánicas, cada vez más complicadas, en las cuales cada átomo, y cada grupo de átomos, desempeña un papel individual, no enteramente equivalente al de muchos otros (como en el caso de la estructura periódica). Con pleno fundamento, podríamos llamarlo un cristal o sólido aperiódico y expresar nuestra hipótesis diciendo: creemos que un gen –o tal vez toda la fibra del cromosoma- es un sólido aperiódico".[16]

Según Schrödinger, al tener los cristales estructuras muy regulares y repetitivas no pueden codificar mucha información, por lo que dedujo que la materia prima que conforma los genes debería ser muy parecida a cristales de tipo "aperiódico", cuyas formas serían capaces de codificar microscópicamente la información necesaria para el futuro desarrollo de un organismo. Esos cristales aperiódicos que imaginó Schrödinger corresponderían de alguna forma a lo que hoy en día se identifica como ácidos nucleicos.

Los Campos Morfogenéticos

El enfoque matemático de la morfogénesis ha sido denominado "biología generativa" por el matemático y biólogo canadiense Brian Goodwin, quien demostró que en la propia dinámica del desarrollo de un organismo existen *campos morfogenéticos* que dirigen el desarrollo de los órganos en determinadas áreas localizadas del embrión, estableciendo limitaciones sobre el número de posibles variaciones o recombinaciones de ADN, y que explican cómo se reproduce la forma del órgano a través de las generaciones.[17] Dichos campos morfogenéticos están determinados matemáticamente por un conjunto de ecuaciones.

El concepto de campo morfogenético fue acuñado inicialmente por el biólogo soviético Alexander G. Gurwitsch a principios del siglo XX,[18] y desarrollado más adelante por Paul A. Weiss y otros biólogos. En la década de los años 70, el bioquímico y escritor Rupert Sheldrake recogió dicho concepto y lo redefinió como el subconjunto de los *campos mórficos* que ejerce influencia sobre los organismos vivos. Sheldrake generalizó la idea de campo morfogenético, desarrollando la hipótesis de la *resonancia mórfica*, según la cual cada especie (animal, vegetal o mineral) tiene un "campo" de memoria colectiva propia a la que contribuyen todos los miembros de dicha especie.[19] Según sugiere Sheldrake, todas las experiencias acumuladas por cada especie conforma un tipo de memoria formativa que impulsa a sus miembros individuales a actuar según ella. Dicha memoria y su capacidad de influir de esa manera general se ha llegado a interpretar como una "preinteligencia". Esta hipótesis pretende explicar, entre otras cosas, la adquisición de los instintos animales.

El modelo de desarrollo de los organismos basado en los campos morfogenéticos ha sido ampliamente estudiado, y concuerda con un gran número de resultados en las investigaciones experimentales realizadas sobre la mosca Drosophila o el alga unicelular Acetabularia y, en general, sobre sistemas biológicos en los que el estado inicial es aparentemente simétrico.

Ecuaciones de Reacción-Difusión

Como hemos descrito anteriormente, durante la morfogénesis en un embrión se establecen ciertas pre-pautas de modificaciones químicas que desencadenan la expresión de características físicas cuando llega el momento apropiado. Puede tratarse de determinados cambios celulares que son capaces de crear formas, o bien de ciertos pigmentos que dibujan pautas en la piel del animal (como, por ejemplo, las rayas de un tigre).

Algunos biólogos han observado que las manchas en la piel de ciertos animales son dibujos cuya formación está dirigida por esquemas matemáticos; un ejemplo de ese tipo de esquemas son las ecuaciones que desarrolló el matemático británico Alan Mathison Turing, para describir el comportamiento de las sustancias químicas al reaccionar y difundirse a través de un medio sólido o sobre una superficie. Turing, considerado uno de los precursores de la informática debido a sus importantes estudios sobre computación, trabajó entre 1952 y 1954 en el tema de la biología matemática, concretamente en la investigación de la morfogénesis, y propuso una "teoría matemática de la embriología" que condujo al estudio de la dinámica del desarrollo y de la evolución morfológica en los organismos. Según Turing, las pautas que originan las manchas en la piel de algunos animales se conforman durante el desarrollo del organismo de manera espontánea, en virtud de las leyes físico-químicas, debido a la reacción y difusión a través del tejido de una serie de sustancias (constituidas por algún tipo de molécula proteínica, según los investigadores Kondo y Asai) llamadas morfógenos (morphogens en inglés).[20]

Un estado uniforme en el que las concentraciones químicas son las mismas en todos los puntos es un estado intrínsecamente inestable, de modo que cualquier falta de uniformidad provoca, por difusión, que las manchas se acoplen y se dispongan en ciertas pautas espaciales coherentes, semejantes a rayas o puntos, que surgen, por consiguiente, debido a una ruptura inicial de la simetría. Durante este proceso se producen dos fenómenos distintos combinados: además de una reacción química tiene lugar un fenómeno de difusión, que consiste en un flujo físico de moléculas originado por las diferencias de concentración. Las ecuaciones no-lineales que describen estos procesos se denominan *ecuaciones de reacción-difusión*.

Pero estos procesos no se producen solamente durante el desarrollo de los organismos, también forman parte de los mecanismos de plasticidad que modifican paulatinamente las características físicas en su vida adulta. Por ejemplo, en cada tipo de pez, la pauta que conforma el dibujo de su piel cambia a medida que transcurre el tiempo. Para ilustrar esta circunstancia, Ian Stewart utiliza el ejemplo del Pomacanthus Semicirculatus: en esta especie de peces un individuo joven tiene únicamente 3 rayas mientras que cuando ha llegado a la vida adulta suele tener 12 rayas o más. En el Pomacanthus Imperator, además de desarrollarse rayas adicionales, varias de ellas pueden reordenarse o desdoblarse de dos formas diferentes: mediante un punto de ramificación en forma de "Y", o con una alternancia desconexión/reconexión. Su desdoblamiento o reordenamiento de las rayas es similar al proceso de cambio en las ondas que se observan en los sistemas químicos de reacción-difusión.

James D. Murray, profesor de biología matemática en la universidad de Oxford, ha combinado las ecuaciones de reacción-difusión de Turing con la activación genética, formulando así ecuaciones matemáticas que describen la formación de las pautas en las alas de las mariposas. A grandes rasgos, el proceso es el siguiente: desde los bordes del ala de la mariposa se liberan los morfógenos, que se van difundiendo y descomponiendo hacia el centro, activando ciertos genes que liberan en consecuencia sus propios productos químicos, los cuales también reaccionan y se difunden. A medida que dichos procesos tienen lugar y se extienden por la superficie del ala, se establece una pre-pauta que más adelante determinará el dibujo de las manchas de la mariposa.

Fuera del ámbito de la biología, en la década de 1960 se descubrieron algunas reacciones químicas inorgánicas que reflejaban las propiedades descritas en la teoría de Turing; una de ellas es la famosa reacción de Belousov-Zhabotinsky (abreviadamente, "reacción BZ"), que produce una gama de pautas similar a las descritas por las ecuaciones de Turing, las cuales pueden considerarse una clase genérica de ecuaciones.

En la reacción BZ, cuyo proceso describimos a continuación de manera simplificada, se produce una sucesión de complejas reacciones oscilantes, transitando repetidamente por la misma secuencia de cambios, pudiendo decir que se trata de una reacción química oscilatoria. Para que se produzca dicha reacción se necesita, en primer lugar, una mezcla de cuatro determinadas sustancias químicas en ciertas proporciones. Poniendo la mezcla en un plato llano con forma de disco, inicialmente se forma una capa azul uniforme que se convierte en marrón rojizo. Tras algunos minutos aparecen unos pequeños puntos azules crecientes, cuyos centros se van volviendo rojos. Posteriormente, los anillos azules que han quedado se van abriendo hacia afuera, expandiéndose el centro rojo y surgiendo un nuevo punto azul en su centro. De esta forma, el disco se llena con anillos concéntricos que crecen y chocan entre sí. Si se rompen los anillos con una punta metálica las figuras comienzan a enrollarse alrededor de los extremos rotos, formándose espirales que giran e interaccionan.

Más adelante, volveremos a tratar con la reacción de Belousov-Zhabotinsky. Estas reacciones químicas oscilatorias constituyen la excepción, no la regla, dentro de la química inorgánica. Sin embargo, en el mundo de la biología podemos ver de manera generalizada los efectos de este mecanismo de reacción-difusión descrito por las ecuaciones de Turing. Además de los ejemplos antes mencionados, podemos contemplarlo en la generación de las espirales de la concha de un caracol (lo cual indica una posible relación entre el fenómeno de reacción-difusión y el número áureo), y también lo encontramos en algunos minerales: la generación de los característicos patrones del ágata también pueden explicarse mediante un mecanismo de reacción-difusión.

La organización de los seres vivos

A pesar de que las leyes físicas en último término lo rigen todo, la vida parece manifestarse de una forma libre y variada, sin la rigidez de formas y comportamientos que suele mostrar lo inorgánico. Dado a que, en última instancia, sus elementos constituyentes son los mismos, puede decirse que la diferencia entre lo vivo y lo inanimado no está en su composición, sino en su organización. Esas diferencias en la organización podemos concretarlas en tres aspectos: el primero de ellos es la adaptabilidad, que permite que un sistema vivo cambie alguna característica de sí mismo para sobrevivir del mejor modo posible ante las presiones de su entorno; la segunda forma de organización que tiene la vida frente a los sistemas inanimados es la reproducción, gracias a la cual los organismos pueden perpetuar la vida fabricando una especie de copias de sí mismos; y por último, el tercer aspecto es la *auto-organización*, mediante la cual los seres animados son capaces de coordinar y comunicar, dentro de sí mismos, todas las partes o subsistemas que los constituyen para conseguir funcionar como un todo. Es decir, en contraposición a los seres inanimados, los seres vivos pueden reproducirse y además *pueden auto-organizarse internamente para adaptarse al entorno en el que viven.*

El filósofo Immanuel Kant, en su *Crítica del juicio*, ya argumentó sobre los seres organizados: "§ 65. Cosas, como fines de la naturaleza, son seres organizados (...) a una cosa, como fin de la naturaleza, se le exige *primero* que las partes (según su existencia y su forma) sólo sean posibles mediante su relación con el todo, pues la cosa misma es un fin (...) se exige *segundamente* que las partes de la misma se enlacen en la unidad de un todo, siendo recíprocamente unas para otras la causa y el efecto de su forma (...) Así como en un producto semejante de la naturaleza, cada parte existe sólo *mediante* las demás, de igual modo es pensada como existente sólo *en consideración de las demás* y del todo (...) ha de ser pensada además como un órgano *productor* de las otras partes (...) y sólo entonces y por eso puede semejante producto, como ser *organizado y organizándose a sí mismo*, ser llamado un fin de la naturaleza. (...) Un ser organizado, pues, no es sólo una máquina, pues ésta no tiene más que fuerza motriz, sino que posee en sí fuerza *formadora*, y tal, por cierto, que la comunica a las materias que no la tienen (las organiza), fuerza formadora, pues, que se propaga y que no puede ser explicada por la sola facultad del movimiento (el mecanismo)".[21] En este texto puede constatarse que Kant ya utilizó, de una forma similar a como se hace en la actualidad, el concepto de auto-organización para definir la naturaleza de los organismos vivos.

2. ORGANIZACIÓN Y COMPLEJIDAD

Una nueva forma de hacer ciencia

Durante el último siglo la tendencia habitual en todas las ciencias ha sido la especialización en diferentes subdominios o compartimentos independientes y desarticulados, de manera que, en ocasiones, dicha parcelación del conocimiento ha derivado en una incomunicación entre las diferentes áreas, cuando no ha motivado directamente una disociación y oposición. Como señala el filósofo de la ciencia Ervin Laszlo: "La visión del mundo sobre la que la gente moderna deposita su confianza es aquella que consideran científica. Esta visión está sobre todo basada en la física de Newton, la biología de Darwin y la psicología de Freud. Sin embargo, esas concepciones han sido sobrepasadas por nuevos descubrimientos. A la luz de las nuevas revelaciones, el universo no es un conjunto de pedazos de materia inertes, inánimes y desangelados. La vida no es un accidente aleatorio, y las pulsiones básicas de la psique humana incluyen mucho más que el impulso sexual y autogratificatorio. Materia, vida y mente son elementos coherentes que forman parte de un proceso de gran complejidad aunque coherente y armonioso".[1]

Esta idea de unidad sugiere la existencia de un mismo conjunto de leyes fundamentales que controla toda la materia inanimada o animada, incluyendo el funcionamiento de nuestra mente y nuestro cuerpo. En cierto modo puede considerarse una hipótesis reduccionista. En este sentido es aplicable la jerarquía propuesta por el premio Nobel de física Philip W. Anderson para la interrelación y dependencia de las diversas ciencias; una ciencia situada en un punto más alto de la jerarquía (con número de orden menor) obedece a las leyes de las ciencias situada en los niveles inferiores:

1.Ciencias sociales
2.Psicología
3.Fisiología
4.Biología celular
5.Biología molecular
6.Química
7.Física de cuerpos
8.Física de partículas elementales

Por ejemplo, la biología celular obedece a las leyes de la biología molecular, pero la biología celular no es una mera aplicación de la biología molecular sino que, como señala Anderson, "en cada nivel de complejidad aparecen propiedades completamente nuevas. En cada fase, son necesarios leyes, conceptos y generalizaciones completamente nuevos, que requieren inspiración y creatividad en un grado tan elevado como el anterior. La psicología no es biología aplicada, ni la biología es química aplicada".[2]

Sin embargo, los sistemas, tanto del mundo natural como del social, evidencian características comunes, siendo posible articular pautas generales que reflejen las correspondencias o *isomorfismos* que subyacen en la estructura de todas las ciencias. El principio unificador presente en todos los sistemas de las distintas disciplinas es la *organización*. En la ciencia actual está todavía pendiente de desarrollar con detalle un concepto de organización que incluya tanto su emergencia como su autoconstrucción y su propagación. Actualmente se está comenzando a trabajar con principios básicos de carácter interdisciplinario y el paradigma mecanicista está siendo reevaluado, reabsorbiéndose sus postulados principales en un nuevo paradigma.[3] Uno de sus principales precursores fue el filósofo y sociólogo francés Edgar Morin, que ya utilizó el concepto de organización cuando introdujo en *El Método* el paradigma de *la complejidad organizada*.

Los Sistemas Complejos

Hoy en día está totalmente superada la forma de entender al cuerpo humano como si fuera sólo una máquina, o de contemplar al universo como si fuera un conjunto compuesto de piezas mecánicas. Los actuales objetos de interés son las redes de relaciones, que están incluidas en otras redes aún mayores, al contrario de lo que suponía la antigua visión mecanicista en la que el mundo era una mera colección de objetos separados que podían o no interactuar. El nuevo paradigma es capaz de contemplar el mundo funcionando como un todo integrado constituido por fenómenos interconectados, en lugar de verlo como un conjunto de objetos o partes independientes.

Por tanto, este paradigma pone su atención en los principios básicos de la organización, de modo que las propiedades de las partes sólo pueden ser comprendidas desde la visión de conjunto. Así, las propiedades que emergen de las relaciones o interacciones entre las diferentes partes de un organismo o sistema se convierten en propiedades del todo, y desaparecen al analizar o dividir el sistema en sus partes constituyentes aisladas. En este caso "El todo es más que la suma de las partes".[4]

Dicho tipo de manifestación es denominada *emergencia de los sistemas complejos*. Así, un fenómeno es emergente cuando, de un sistema compuesto por varios elementos individuales, se pone de manifiesto o "emerge" un comportamiento colectivo que no se atribuye (aparentemente) a los individuos del sistema. Este concepto de complejidad organizada incluye la existencia de distintos niveles de complejidad (operando diferentes leyes en cada nivel), de forma que los fenómenos observados en cada nivel exhiben propiedades que están ausentes en el nivel inferior. Para referirse a esas propiedades que se manifiestan en un determinado nivel de complejidad, pero que no se dan a niveles inferiores, se utiliza la denominación "propiedades emergentes". Un sencillo ejemplo de ese tipo de propiedades podemos verlo claramente en el concepto de temperatura, que sólo tiene sentido cuando se contempla un gran número de moléculas y no lo tiene en el ámbito de las moléculas individuales.

Existen varios tipos de acercamiento complementarios dentro del estudio de los sistemas emergentes: la teoría de la complejidad, la teoría de sistemas, la teoría del caos, los autómatas celulares, las redes neuronales, los algoritmos genéticos, etc. Algunos de ellos los trataremos en los siguientes apartados.

En el siguiente párrafo, Edgar Morin enumera los principios básicos del pensamiento complejo y señala la importancia de la recursividad y la auto-organización: "Diré, finalmente, que hay tres principios que pueden ayudarnos a pensar la complejidad. El primero es el principio que llamo dialógico. (...) Orden y desorden son dos enemigos: uno suprime al otro pero, al mismo tiempo, en ciertos casos, colaboran y producen la organización y la complejidad. El principio dialógico nos permite mantener la dualidad en el seno de la unidad. Asocia dos términos a la vez complementarios y antagonistas. El segundo principio es el de recursividad organizacional. (...) Un proceso recursivo es aquél en el cual los productos y los efectos son, al mismo tiempo, causas y productores de aquello que los produce. (...) La idea recursiva es, entonces, una idea que rompe con la idea lineal de causa/efecto, de producto/productor, de estructura/superestructura, porque todo lo que es producido reentra sobre aquello que lo ha producido en un ciclo en sí mismo auto-constitutivo, auto-organizador, y auto-productor. El tercer principio es el principio hologramático. En un holograma físico, el menor punto de la imagen del holograma contiene la casi totalidad de la información del objeto representado. No solamente la parte está en el todo, sino que el todo está en la parte. (...) En el mundo biológico, cada célula de nuestro organismo contiene la totalidad de la información genética de ese organismo. La idea, entonces, del holograma, trasciende al reduccionismo que no ve más que las partes, y al holismo que no ve más que el todo. Es, de alguna manera, la idea formulada por Pascal: «No puedo concebir al todo sin concebir a las partes y no puedo concebir a las partes sin concebir al todo»".[5]

Además de estos principios básicos, otro de los pilares fundamentales sobre los que Morin establece el desarrollo de su modelo es el concepto de desorden termodinámico.

La Termodinámica y la irreversibilidad

La *termodinámica clásica* es una rama de la física que estudia las propiedades generales que exhiben los sistemas macroscópicos en equilibrio, y las regularidades que acontecen durante el establecimiento de dicho equilibrio.

Pero, ¿A qué se refiere la termodinámica con el término "equilibrio"? *Equilibrio termodinámico* es el estado al cual, antes o después, llega un sistema que se encuentra bajo unas condiciones ambientales invariables; por ejemplo, un gas que se encuentra dentro de un recipiente con paredes aisladas térmicamente alcanzará finalmente el estado de equilibrio. Como el equilibrio es un estado final de un sistema, en estos procesos el concepto de tiempo resulta irrelevante y no aparece explícitamente en los cálculos, por lo que la termodinámica ordinaria también suele denominarse "termostática".[6]

El concepto de desorden termodinámico, sobre el que Morin desarrolla su modelo, básicamente se puede sintetizar de la forma siguiente: La energía calorífica no puede reconvertirse en su totalidad, y en su degradación se pierde de forma irreversible parte de su capacidad para realizar algún trabajo. A dicha disminución irreversible se le conoce con el nombre de *entropía.*

Sadi Carnot fue un físico francés que, estudiando los motores térmicos a principios del siglo XIX, llegó a conclusiones que, en los años 50 del mismo siglo, permitieron al matemático y físico alemán Rudolf Clausius formular la *Segunda Ley* (o Segundo Principio) *de la termodinámica,* también llamada Ley de la disipación de la energía. Dicha ley física expresa la tendencia "irreversible" que tienen los sistemas físicos cerrados o aislados para conducirse hacia un creciente desorden. Ello es así porque en un sistema cerrado siempre existe algún resto de energía mecánica que no puede aprovecharse y se disipa en forma de calor; la irreversibilidad se entiende en el sentido de no poder volver atrás, de no poder recuperar la energía que se ha perdido por la irradiación de calor.[7]

En la expresión matemática de esta segunda Ley se introdujo el concepto de entropía para denotar esa tendencia hacia el desorden termodinámico de forma que, al no poder recuperarse la energía disipada durante la evolución de un sistema físico cerrado, la entropía se incrementa. Clausius definió el concepto de entropía como el cociente entre la energía disipada (en forma de calor y fricción) y la temperatura a la que se efectúa el proceso térmico.[8]

En definitiva, cualquier sistema físico cerrado termina llegando a un estado de *equilibrio* térmico en el cual se han reducido al máximo las posibilidades de transformación de la energía, desapareciendo la capacidad para realizar trabajo y culminando así en un estado de máxima entropía, que implica una degradación en el orden y la organización de las estructuras físicas del sistema en cuestión.

Así, según esta ley, todos los sistemas termodinámicos tienden hacia el equilibrio o hacia un estado estacionario cercano a él. El físico austríaco Ludwig Boltzmann pretendió describir, además del "estado" de equilibrio, la "evolución" hacia dicho equilibrio, intentando descubrir los mecanismos moleculares que conducen al aumento de la entropía en el sistema. Para ello, Boltzmann, estudiando la física de los gases vistos como grupos de moléculas que rebotan aleatoriamente, no consideró las trayectorias individuales de las moléculas sino la "población" de las mismas como un todo. De esta forma, la segunda ley de la termodinámica se convirtió en una ley estadística que predecía con una alta probabilidad el comportamiento de un gas, basándose en la hipótesis de que todas las posibles posiciones de sus moléculas son igualmente probables, pudiendo concluir que, con una altísima probabilidad, los sistemas que carecen de una fuente de energía externa (es decir, cerrados) se vuelven con el paso del tiempo más desordenados (aumento de entropía).[9] Así, según el enfoque de Boltzmann de la segunda ley de la termodinámica, cualquier sistema cerrado tiende a situarse en el estado que tiene máxima probabilidad, que corresponde al estado de máximo desorden; dicho de otra forma, el aleatorio movimiento molecular da lugar a diferentes estados, pero todos breves en el tiempo y próximos al equilibrio térmico.

No obstante, si nos referimos a otro tipo de sistemas como son los organismos vivos, al observar la dinámica y las pautas generales de su comportamiento puede detectarse que no todas las posibilidades son igualmente probables. Por consiguiente, en este tipo de sistemas la segunda ley de la termodinámica dejaría de poder aplicarse porque, dentro de la distribución de probabilidad, estos sistemas autónomos parecen pertenecer a los extremos correspondientes a valores cercanos a cero; son sistemas que, en lugar de volverse más desordenados, tienden espontáneamente a complicar su estructura pudiendo aumentar su orden con el tiempo (disminución de entropía).

Esta circunstancia fue observada por los biólogos del siglo XIX que, al mismo tiempo que se formulaba el segundo principio de la termodinámica veían, con sus ideas evolucionistas, que los organismos vivos crecen y evolucionan hacia estados más ordenados y complejos (formando estructuras), lo cual parecía contradecir esa "tendencia al desorden" generalizada o aumento de entropía (destrucción de estructuras), predicha por la termodinámica clásica, para los sistemas aislados durante su evolución hacia el equilibrio. Así, con el segundo principio de la termodinámica postulado por Clausius parecía existir una contradicción.

De esta forma surgió el problema de cómo compaginar la termodinámica clásica, que predice la destrucción o desorganización de una estructura dada en un sistema aislado durante su evolución hacia el equilibrio, con la opuesta evidencia de la "formación de estructura" que tiene lugar en un organismo vivo al aumentar la complejidad de su organización durante el proceso evolutivo. En realidad, no existe tal contradicción porque la segunda ley de la termodinámica sigue cumpliéndose ateniéndose a la entropía total, ya que un ser vivo recibe alimentos (que son estructuras ordenadas) de su entorno cercano, los procesa metabólicamente (para mantener su propio orden interno) y desecha los restos (que son estructuras de menor orden que las que ingirió); si se tienen en cuenta éstos últimos la entropía total continúa aumentando. Dentro de la biología siempre se crean de manera simultánea el orden y el desorden. Como veremos más adelante, la clave nos la dará la denominada *termodinámica de los procesos irreversibles* o *termodinámica de no equilibrio*.

La segunda ley de la termodinámica se formuló para sistemas físicos cerrados, mientras que los organismos vivos son sistemas que interaccionan con su medio ambiente (intercambiando materia y energía). En el sentido termodinámico, dicho flujo de continuo intercambio mantiene o sustenta a estos sistemas en una estabilidad "lejos del equilibrio". En los años cuarenta del siglo XX, el filósofo y biólogo austríaco Ludwig von Bertalanffy denominó *sistemas abiertos* a ese tipo de estructuras que dependen de flujos continuos de energía y recursos exteriores a ellas.[10] Esto condujo a la definitiva distinción entre sistemas cerrados y abiertos, y facilitó una nueva forma de hacer ciencia que comenzó con la articulación de la Teoría General de Sistemas.

La Teoría General de Sistemas

En la Teoría General de Sistemas (en adelante, también TGS) Bertalanffy define la noción de *sistema*, no como un simple agregado de partes sino como un conjunto de elementos que interaccionan entre ellos con una dinámica de naturaleza retro-alimentadora, pudiendo ser dicho sistema abierto o cerrado.

Un sistema es *cerrado* si no presenta intercambio alguno con su medio ambiente circundante, siendo por tanto hermético a cualquier influencia ambiental y no necesitando recibir ningún recurso del exterior. Los sistemas cerrados, al estar aislados de su medio ambiente, cumplen el segundo principio de la termodinámica. Como ya hemos dicho anteriormente, este principio o ley establece que, en un estado de equilibrio, los valores de los parámetros característicos de un sistema termodinámico cerrado maximizan el valor de cierta magnitud, función de dichos parámetros, denominada entropía. Si el sistema varía su estado, puede comprobarse que la entropía del nuevo estado es mayor que la del estado inicial; por tanto, la entropía de un sistema aislado termodinámicamente sólo puede aumentar. La mecánica estadística identifica la entropía de un sistema con su grado de desorden molecular interno, concluyendo que en los sistemas cerrados existe una tendencia general hacia un estado de máximo desorden. Estos sistemas tienen un comportamiento totalmente determinístico y previsible, involucrando un intercambio nulo o mínimo de materia y energía con su medio ambiente. Son sistemas estructurados donde los elementos y sus relaciones se combinan de una manera rígida produciendo una salida invariable. Estos sistemas cerrados constituyen el "mundo de las máquinas".

Por el contrario, los sistemas *abiertos* presentan intercambios regulares (de materia, energía o información) con el ambiente, mediante entradas y salidas. Un sistema abierto, a través de su interacción con el ambiente, puede restaurar pérdidas de energía y modificar su propia organización, manteniendo flujos continuos de entrada y salida mediante un mecanismo denominado *homeostasis*, sin mostrar la inexorable tendencia de los sistemas cerrados hacia un estado de equilibrio químico y termodinámico.

El término "homeostasis" fue introducido en 1932 por el fisiólogo norteamericano Walter B. Cannon (basándose en el concepto de "estabilidad del medio interno" del fisiólogo francés, del siglo XIX, Claude Bernard), y se refiere al mecanismo que posee un organismo vivo para autorregular su medio interno consiguiendo mantener sus variables dentro de ciertos límites de tolerancia, en un estado de equilibrio dinámico. Es una forma de "estabilidad" que se produce en condiciones alejadas del equilibrio térmico. Aunque se comenzó a aplicar en el ámbito de la biología, se trata de un concepto inherente a los sistemas abiertos en general.

De esta forma, los sistemas abiertos evitan el aumento de la entropía y pueden evolucionar hacia estados de orden y organización crecientes (es decir, disminuyendo su entropía). Son adaptativos, porque se reajustan constantemente a las condiciones de su medio, conduciéndoles dicha adaptabilidad hacia el aprendizaje y la auto-organización.

La mayor diferencia entre los dos tipos de sistema es que el sistema abierto incorpora y elimina materia o información, sin alcanzar en ningún momento un estado final de equilibrio de entropía máxima, como sucede con el sistema cerrado. Otro aspecto diferenciador surge de que un sistema abierto puede acceder al mismo estado final habiendo partido de condiciones iniciales diferentes (principio de *Equifinalidad*); al contrario, en un sistema cerrado el estado final está determinado en virtud de sus condiciones iniciales. Respecto a sus ámbitos respectivos, el sistema cerrado está aislado del medio circundante y ha encontrado su mayor aplicación en la ciencia de la física, mientras que el sistema abierto se identifica con preferencia con los organismos vivientes.

En la naturaleza, algunos sistemas son cerrados y funcionan como máquinas, pero la mayoría de los sistemas son abiertos e intercambian información o energía con su entorno. Los sistemas biológicos pueden considerarse sistemas dinámicos abiertos que tienen un elevado número de elementos; su funcionamiento resulta mucho más complejo que el de los sistemas basados en una simple ecuación matemática. En cuanto a los sistemas sociales, como los biológicos, son abiertos, por lo que no son sistemas estables sino afectados por los cambios que ocurren a su alrededor.

La Teoría de Sistemas de L. V. Bertalanffy contiene principios y conceptos generales susceptibles de aplicarse en muy diferentes campos de estudio, formula criterios exactos y fomenta la capacidad de transferir principios entre los distintos campos, sin necesidad de generar estructuras teóricas redundantes (esto es posible porque, en cierto modo, *podríamos decir que existe cierta fractalidad en la estructura teórica de las ciencias*).

Explica Bertalanffy: "Podemos muy bien buscar principios aplicables a sistemas en general, sin importar que sean de naturaleza física, biológica o sociológica. Si planteamos esto y definimos bien el sistema, hallaremos que existen modelos, principios y leyes que se aplican a sistemas generalizados, sin importar su particular género, elementos y «fuerzas» participantes. Consecuencia de la existencia de propiedades generales de sistemas es la aparición de similaridades estructurales o isomorfismos en diferentes campos. Hay correspondencias entre los principios que rigen el comportamiento de entidades que son intrínsecamente muy distintas. (...) Esta correspondencia se debe a que las entidades consideradas pueden verse, en ciertos aspectos, como «sistemas», o sea complejos de elementos en interacción. Que los campos mencionados, y otros más, se ocupen de «sistemas», es cosa que acarrea correspondencia entre principios generales y hasta entre leyes especiales, cuando se corresponden las condiciones en los fenómenos considerados. Conceptos, modelos y leyes parecidos surgen una y otra vez en campos muy diversos, independientemente y fundándose en hechos del todo distintos”. [11]

Así pues, la Teoría General de Sistemas investiga las totalidades organizadas y deduce leyes generales en los sistemas. Su motivación principal consiste en alcanzar algo parecido a una filosofía de los modelos naturales, y promover la unidad de la ciencia a través de la comunicación entre las diferentes especialidades científicas. Para ello, pretende edificar una estructura conceptual integrada y coherente, capaz de partir de los isomorfismos o regularidades de los sistemas para aplicarlos a todas las disciplinas posibles, generalizándolos en modelos y leyes, evitando la redundancia y estimulando la construcción de nuevos modelos teóricos.

La TGS no aísla los fenómenos del ambiente sino que los estudia en interacción con sus contextos específicos, y los ordena de forma jerárquica, pues contempla la realidad como una jerarquía de totalidades sistémicas organizadas y complejas.

La Teoría General de Sistemas ha dado un empuje importante a la biología moderna, además de haber contribuido al desarrollo de la teoría de la información, la teoría de autómatas, la teoría de juegos y, sobre todo, la cibernética. Esta última ha logrado articular un metalenguaje interdisciplinario competente para describir tanto los sistemas artificiales como los naturales, habiendo sido considerada como una segunda Revolución Industrial, porque consolidó el fundamento teórico que posibilitaría la construcción de máquinas cuyo comportamiento está dirigido por una finalidad o propósito.

Según la definición del propio fundador de la cibernética, el matemático norteamericano Norbert Wiener, la cibernética es la ciencia del "control y comunicación en animales y máquinas".[12] La principal investigación en cibernética se basó en conceptos como los mensajes y el control dentro de bucles cerrados y redes, materializándose sus resultados en la idea de *autorregulación* a través de *retroalimentación*, llegando a enlazar con el importante concepto de *auto-organización*.

Retroalimentación

En un bucle de retroalimentación existe un conjunto de elementos interconectados causalmente de forma circular, lo cual permite la propagación de una causa inicial hasta que el último eslabón vuelve a influir sobre el primero que inició el proceso. Cada vez que varía la salida o resultado del sistema, se ve modificado el estímulo que afecta a la entrada inicial del mismo, lo cual permite la autorregulación de dicho sistema.

Pero los mecanismos efectores y receptores propios de la retroalimentación no sólo pueden hacer circular materia y/o energía, sino también información. Debido a la disposición circular de los elementos interconectados, la cibernética explica el fenómeno de la retroalimentación de la información resaltando la noción de *circularidad*, la cual permite la constante reestructuración del sistema, es decir, su autorregulación compatible con la finalidad deseada. El neurólogo inglés William Ross Ashby, que analizó matemáticamente las estructuras básicas de retroalimentación y control, y contribuyó de manera clave en el desarrollo de la cibernética, expresó: "La cibernética, de hecho, podría ser definida como el estudio de los sistemas que son abiertos a la energía, pero cerrados a la información y el control".[13]

El principio de retroalimentación se ha aplicado tanto en la descripción del funcionamiento de los seres vivos como de los sistemas económicos, sociales y muchos otros. Existen 2 tipos de retroalimentación: la positiva o autorreforzadora y la negativa o autocorrectora.

Un ejemplo de la primera es el *círculo vicioso*, donde el efecto inicial va aumentando cada vez que el bucle se ejecuta. En la naturaleza es difícil hallar fenómenos de retroalimentación positiva pura, porque suelen compensarse con otros bucles de retroalimentación negativa que frenan el posible círculo vicioso. La retroalimentación autorreforzadora suele encontrarse principalmente en el modelado de ámbitos sociales y económicos.

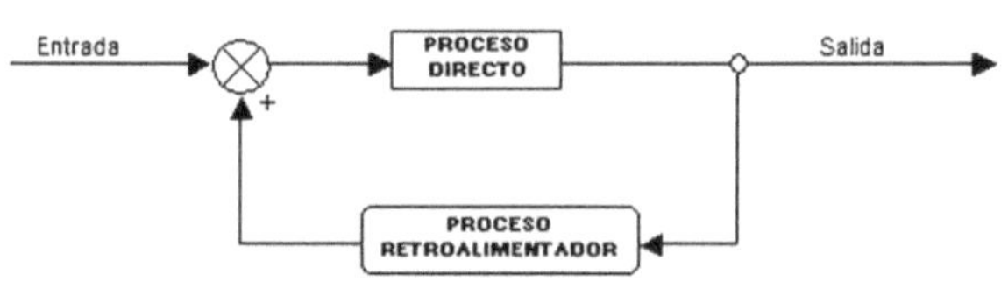

Figura 7. Retroalimentación positiva o autorreforzadora.

Por otro lado, un ejemplo de bucle de retroalimentación autocorrectora es el que se produce al conducir un coche: cuando el coche se desvía de la dirección correcta, el conductor evalúa dicha desviación y mueve el volante en el sentido que la compensa. Ese movimiento disminuye la desviación, posiblemente hasta el punto de sobrepasar la dirección correcta y desviarse en el sentido opuesto. El conductor vuelve a corregir la nueva desviación, y así sucesivamente.

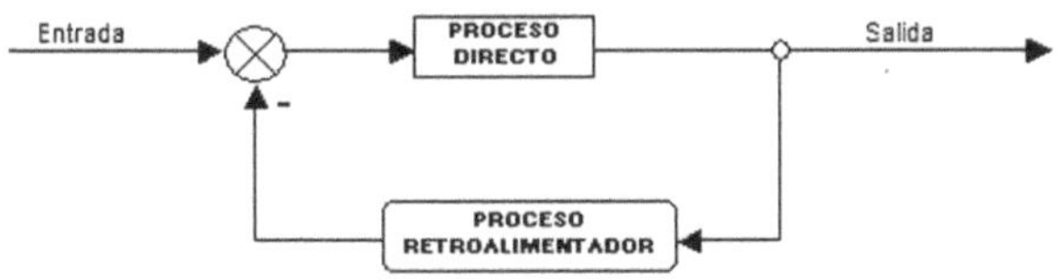

Figura 8. Retroalimentación negativa o autocorrectora.

Según Wiener, la retroalimentación es el mecanismo fundamental por el que funciona la homeostasis, el ya mencionado proceso de autorregulación que permite a los seres vivos mantenerse en un estado dinámico de equilibrio vital. La autorregulación es, como veremos, una característica de los procesos *no lineales*, y ese tipo de procesos es propio de los organismos vivos.

Ha quedado claro anteriormente que un concepto clave que manejan tanto la Teoría General de Sistemas como la Cibernética es el de *información*. Los organismos vivos son sistemas abiertos que se auto-organizan, aumentando su orden debido a la captación de información (lo cual equivale a disminución de la entropía).[14] La TGS y la Cibernética son modelos teóricos que enfocan las ciencias biológicas con una concepción organísmica, según la cual la vida reside en organismos que son sistemas (con propiedades que no proceden de sus partes separadas, sino de la organización del propio sistema como un todo), y entienden que el orden de las estructuras biológicas tiende hacia una teleología o finalidad. Dicha finalidad se alcanza mediante un proceso de autorregulación y orientación de todos los elementos del sistema. Debido a esas características de los sistemas vivos, la biología moderna ha sido la pionera en la abstracción de los isomorfismos de la TGS, identificando claramente los principios de equifinalidad y del orden jerárquico que describía L.V. Bertalanffy.

En el modelo sistémico se considera que bajo las estructuras existen ciertos procesos originados por el intercambio de información entre las subestructuras. A partir del concepto de información, los cibernéticos establecieron la diferencia entre la estructura física de un sistema y su esquema organizativo, y dicha diferenciación deja claro que, en una estructura viva, un bucle de retroalimentación puede entenderse como un elemento dentro del conjunto de interrelaciones internas que la organizan.

Teniendo en cuenta que el interés de la cibernética se amplió desde diseñar máquinas autorreguladas hasta comprender por qué las máquinas se auto-organizan mediante autonomía y autorreferencia, otro de los representantes más importantes de la cibernética, Heinz von Foerster, se esforzó por describir la auto-organización de una forma que no contradijera el segundo principio de la termodinámica, dejando claro que todo fenómeno de auto-organización supone una desorganización previa. Von Foerster empleó la estructura conceptual de la cibernética para intentar encontrar un lenguaje capaz de establecer una conexión que relacionase lo físico, lo biológico y lo mental. Con esa idea desarrolló la denominada cibernética de *segundo orden* cuyo interés se desplazó de los sistemas observados a los sistemas que observan, surgiendo una teoría del observador, basada en la pertenencia del ser humano al mismo dominio observado de los sistemas vivos cuyo conocimiento pretende. Más adelante, Von Foerster generalizó los principios cibernéticos aplicándolos a la psicoterapia, concretamente a la terapia familiar, influyendo en la formación del *Constructivismo*, y permitiendo la articulación de los modelos terapéuticos *interaccionales* como aplicación de la cibernética en la resolución de los conflictos humanos.

Sistemas dinámicos

Debido a que las primeras etapas o causas iniciales se ven modificadas por las salidas o resultados, los sistemas con retroalimentación que estamos considerando evolucionan a través del tiempo. En general, a los sistemas cuyo estado cambia en el tiempo se les denomina *sistemas dinámicos* y su estudio se engloba en la denominada Dinámica de Sistemas, cuyos conceptos y técnicas, al igual que sucede con los conceptos pertenecientes a las que podrían considerarse otras ramas suyas, como la teoría de fractales y la teoría del caos, pueden aplicarse a un gran número de fenómenos.

Según el tipo de matemáticas que se pueden utilizar para modelarlos, los sistemas dinámicos pueden ser *lineales* o *no lineales*. La mayoría de las matemáticas han sido desarrolladas basadas en modelos dinámicos lineales que describen los fenómenos mediante trayectorias deterministas y reversibles. En los sistemas lineales la ecuación que describe cada estado es una expresión algebraica que depende linealmente del estado anterior. La linealidad de un sistema permite hacer ciertas aproximaciones matemáticas y permite un cálculo más sencillo en su análisis. Por ejemplo, en un sistema lineal, si se conocen dos soluciones, la suma de ellas también es una solución; es lo que se denomina *principio de superposición*. La linealidad se suele aplicar al cálculo de los sistemas cerrados, lo cual permite predecir el comportamiento de dichos sistemas.

Por el contrario, el comportamiento de los sistemas no lineales respecto a una variable como el tiempo no es fácil de predecir; se trata de sistemas difíciles de analizar matemáticamente, porque las ecuaciones que regulan la evolución de su comportamiento son, obviamente, no lineales. Debido a la no linealidad de sus ecuaciones, no es posible aplicar el principio de superposición, lo cual dificulta el cálculo. Aunque el análisis de algunos sistemas no lineales permite obtener soluciones exactas o integrables, muchos otros de estos sistemas no se pueden resolver reduciéndolos a una forma simple, porque exhiben un comportamiento impredecible, oscilante y complejo (también denominado caótico).

Retroalimentación y no-linealidad

En un sistema abierto (ya sea físico, biológico, matemático o de otra clase) hemos visto que su propia salida o resultado afecta a su entrada, alterando de este modo su comportamiento: es la retroalimentación o “feedback” (positiva o negativa). De esta forma, *la retroalimentación en un sistema produce efectos no lineales*. Una consecuencia directa de que, en este tipo de sistemas, se encuentren componentes interconectados de manera no lineal mediante bucles de retroalimentación, es que su comportamiento auto-organizador puede describirse matemáticamente en forma de ecuaciones no lineales.

Por tanto, vemos que *los sistemas auto-organizados son abiertos respecto a su entorno, y los flujos de energía, materia o información que intercambian con él les permiten auto-organizarse espontáneamente, gracias a que los subsistemas componentes están interconectados por una red de bucles de retroalimentación.*

Así, en muchos procesos naturales puede observarse una actividad dinámica de tipo no lineal, que podría describirse como la consecuencia de existir un gran número de niveles imperceptibles de movimientos superpuestos y relacionados entre sí. El hecho de que la evolución temporal de estos sistemas esté influenciada por efectos no lineales les confiere una mayor complejidad que la que tienen los sistemas lineales; por eso son también denominados *sistemas complejos*.

Para la representación de la estructura de los sistemas complejos puede usarse la técnica matemática de las ecuaciones diferenciales, ya que con ellas pueden expresarse los bucles de retroalimentación mediante los que se relacionan de forma no lineal los componentes básicos del sistema. Las ecuaciones diferenciales son capaces de expresar la variabilidad del sistema en el dominio del tiempo; sin embargo, cuando, en lugar de hacerlo en el tiempo, interesa representar la variabilidad en el espacio, es más apropiado caracterizar el sistema con ecuaciones en derivadas parciales. Recordemos que este es el tipo de matemáticas que se emplean para describir los sistemas no lineales de tipo continuo, como los fenómenos físicos de tipo ondulatorio.

Sin embargo, en la modelización de sistemas dinámicos de tipo discreto (no continuo), cuando se modela un fenómeno desde una perspectiva detallada y no general, en lugar de utilizar ecuaciones diferenciales en derivadas parciales se utilizan los llamados *Autómatas Celulares*. En este caso, la simulación se hace mediante la representación, fácilmente programable, de la evolución de celdas contiguas, siguiendo un conjunto de reglas sencillas.[15]

Espacio de fases

La matemática no lineal está basada más en relaciones que en cantidades, ya que estas dependen de aquellas. Las interrelaciones pueden dar lugar a comportamientos complejos aparentemente caóticos, a partir de los cuales sorprendentemente pueden surgir estructuras y patrones ordenados. Para estudiar estos sistemas es necesario disponer de un método gráfico adecuado, motivo por el cual se realiza la representación en un *espacio de estados*, donde es posible visualizar gráficamente dichos patrones al representar todos los estados por los que puede pasar el sistema. Es decir, un espacio de estados muestra el estado real del sistema dentro del marco de todas las situaciones o estados que le son posibles.

Dicho método de visualización resulta en estos casos más apropiado que el clásico diagrama espacio-tiempo y una forma de construirlo es, por ejemplo, sustituyendo la variable tiempo por la variable velocidad en el eje coordenado correspondiente. Así, se obtiene el diagrama llamado *espacio de fases* (o *retrato de fase del sistema*). En dichos diagramas se representan las trayectorias que describen las variables analizadas (población, concentraciones,...).

Como la resolución de la mayor parte de las ecuaciones no lineales no es analítica (solución en forma de fórmula) sino numérica (probando valores para las variables), las variables del sistema se asocian a las coordenadas de ese espacio abstracto, de manera que todas las variables están representadas por un solo punto en dicho espacio. Cuando las variables representadas modifican sus valores el punto se desplaza, en correspondencia a dichos cambios, describiendo una *trayectoria.*

Un diagrama o espacio de fases es, pues, una construcción matemática consistente en un diagrama simplificado que permite visualizar el estado de un sistema dinámico en cada instante, al visualizar un punto representativo cuyas coordenadas van cambiando en el curso del tiempo.

Por ejemplo, si ciertas concentraciones químicas son dependientes del tiempo se puede hallar la relación entre ellas despejando el tiempo, y es esa relación la que se representa en el espacio de fases como una trayectoria geométrica; la evolución del sistema químico en el tiempo corresponde en ese caso al desplazamiento de un punto al moverse a través de dicha trayectoria.

Un caso paradigmático resulta ser, al igual que sucede en otros ámbitos de la ciencia, el caso de un péndulo. Para representar en un diagrama de fases el movimiento de un péndulo sólo hay que asociar las variables ángulo y velocidad a las coordenadas cartesianas. De esta forma, los puntos representados corresponden a todos los posibles estados asociados al movimiento del péndulo. A medida que oscila éste, el punto que representa el estado de dicho péndulo va desplazándose por el contorno de la figura dibujada que, en el caso ideal de no considerar rozamiento, resulta ser un bucle cerrado.

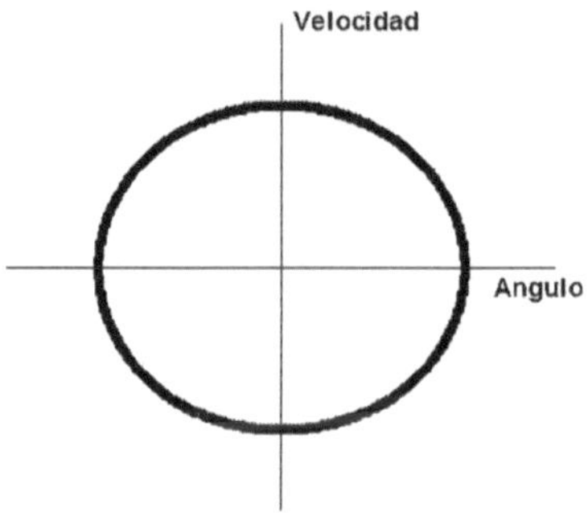

Figura 9. Trayectoria en el espacio de estados de un péndulo sin rozamiento.

En el caso de que el péndulo esté sujeto a fricción (caso más realista) su movimiento se va frenando hasta que el péndulo acaba deteniéndose. La representación de dicho movimiento en el espacio de estados consiste esta vez en una espiral.

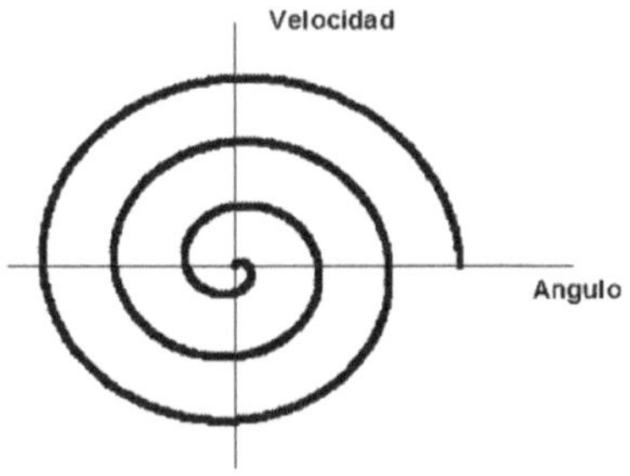

Figura 10. Trayectoria en el espacio de estados de un péndulo con rozamiento.

Atractores

Igual que el péndulo sujeto a fricción, los sistemas complejos en general tienen ciertos estados en los que acaban estabilizándose, dependiendo de sus propiedades; son estados hacia los que tienden debido a su propia dinámica, obteniendo en ellos una mayor estabilidad. Esos estados estables se denominan *atractores*, y forman parte de un conjunto o catálogo restringido.

Un sistema no lineal puede analizarse de una forma cualitativa examinando la topología de sus atractores en el espacio de estados. Existe una clasificación topológica con todos los tipos de atractores conocidos, que resulta útil a la hora de deducir las propiedades de los sistemas que se analizan. Por ejemplo, a una trayectoria con bucle cerrado, como la del ejemplo del péndulo sin rozamiento, se le llama *atractor periódico*, mientras que el tipo de trayectoria que corresponde al péndulo con rozamiento se denomina *atractor puntual*, debido a que parece que la trayectoria es atraída por el punto del centro.

La región de un espacio de estados donde todas las trayectorias evolucionan hasta desembocar en un determinado atractor, es decir, el conjunto de estados desde los que el sistema, directa o indirectamente, accede al atractor, se denomina *cuenca de atracción* del atractor. Por otro lado, lo contrario de un atractor, o sea, un atractor negativo, se denomina *una fuente.* Es un estado inestable del que el sistema tiende a alejarse. La presencia de los atractores representa una disminución de la variabilidad respecto a los posibles estados de un sistema, mientras que las fuentes implican un incremento de ella.

De esta forma, durante el análisis cualitativo de un sistema dinámico no lineal, se identifican los atractores y sus cuencas de atracción en el espacio de estados, resultando el llamado retrato de fase, que es un dibujo de la evolución del sistema, como hemos visto anteriormente con los ejemplos de las trayectorias correspondientes a los péndulos. En un caso general, en lugar de 2 variables (caso del péndulo), puede haber *n* variables de estado $x_1(t)$, $x_2(t)$, ... , $x_n(t)$ que dependan del parámetro tiempo.

Como los sistemas lineales corresponden a sistemas cerrados, en ellos se cumple el segundo principio de la termodinámica, y suelen tener retratos de fase sencillos; se comportan como si tuvieran un atractor puntual, ya que son "atraídos" hacia un estado estacionario cercano al equilibrio (que es equivalente al estado de equilibrio, porque ya corresponde a una producción mínima de entropía).

En contraste con el comportamiento de un sistema cercano al equilibrio, en un sistema que se encuentre muy alejado del mismo puede aparecer un ciclo límite, correspondiente a un comportamiento espontáneo adoptado por el sistema.[16] Dicho tipo de sistemas dinámicos no lineales (los llamados *sistemas abiertos lejos del equilibrio*) son "estructuralmente inestables", porque pequeñas modificaciones en ciertos parámetros consiguen provocar cambios importantes en el retrato de fase, apareciendo atractores nuevos o desapareciendo atractores previos.

El matemático estadounidense Stephen Smale ha desarrollado técnicas para analizar retratos de fase. Según él, un sistema es estable estructuralmente cuando, a pesar de introducir pequeños cambios en las ecuaciones, su retrato de fase permanece básicamente igual. En cambio, entiende que son inestables estructuralmente aquellos sistemas en los que modificaciones pequeñas en los valores de los parámetros son capaces de cambiar el retrato de fase de manera notoria. En una situación tal de inestabilidad pueden aparecer atractores diferentes, debido a que existen determinados puntos críticos de inestabilidad llamados *puntos de bifurcación*, a partir de los cuales el sistema adopta súbitamente una nueva dirección en su evolución.

Atractores extraños

Existen atractores que son radicalmente diferentes de los atractores que representan estados de equilibrio y también de los que corresponden a oscilaciones rigurosamente periódicas. Cuando un sistema pasa a un régimen descrito por oscilaciones aperiódicas (oscilaciones que nunca se repiten con exactitud) entonces exhibe atractores “caóticos”, que son objetos fractales, a los que se denomina *atractores extraños*. A los sistemas representados por ese tipo de atractores se les denomina sistemas caóticos, porque resulta imposible predecir los puntos exactos por los que pasará su trayectoria en el espacio de estados.

Existe un nexo común entre este tipo de sistemas no lineales caóticos (que producen atractores caóticos o “extraños”) y la geometría fractal de Mandelbrot; el vínculo es un sencillo proceso matemático: *la iteración*. Así, incluso interpretando estos datos dentro de un modelo mecanicista se puede decir que la naturaleza no está basada en el mero azar porque se puede identificar al menos la existencia de un pensamiento: *la iteración*. Recordemos que los fractales pueden generarse por ordenador haciendo uso de ecuaciones iterativas no lineales. Las iteraciones sobre algunas ecuaciones simples son tan capaces de generar complejos atractores en el espacio de fases como de fabricar complicadas estructuras fractales. Sin embargo, a pesar de que los atractores extraños del espacio de fases, correspondientes a la evolución temporal de un sistema caótico, poseen propiedades fractales, en realidad no están asociados a ningún fractal geométrico del espacio real.

Los atractores extraños son, por un lado, “atractores” porque las trayectorias próximas convergen hacia ellos y, por otro, son “extraños” porque poseen trayectorias que, mientras en el instante inicial tienen valores muy cercanos y permanecen confinadas cerca del atractor, después, sin embargo, divergen bruscamente unas de otras. En los espacios de estados que tienen más de dos dimensiones los atractores extraños se asemejan a superficies que tienen infinitas capas. Su dinámica obedece a un mecanismo denominado "estiramiento y plegado", consistente en que el flujo estira los volúmenes y después los pliega como si fuese una "masa pastelera". Este proceso provoca una gran sensibilidad a cualquier variación de las condiciones iniciales, que puede observarse en el espacio de estados al realizar la representación gráfica de su movimiento.

El meteorólogo y matemático Edward Lorenz fue el primero en registrar un ejemplo de comportamiento caótico cuando, en 1963, trabajaba en unas ecuaciones para la predicción estadística del clima (simulaba numéricamente la generación de turbulencias en los procesos de convección atmosférica).[17] Al representar por ordenador su comportamiento, las coordenadas del espacio de fases tridimensional que representó Lorenz eran la velocidad y las amplitudes de dos modos de temperatura. Observó que, bajo determinadas condiciones, existía una región que poseía la curiosa propiedad de atraer todas las trayectorias de las regiones vecinas, las cuales, al caer en aquella, conformaban una estructura enredada y compleja. Ese lugar geométrico o atractor era en realidad una línea de atracción infinita dentro de un volumen finito en el espacio de fases, de forma que cualquier solución que se escogía tenía una trayectoria errante, de forma tal que podía pasar tan cerca como se desease de cada uno de los puntos de dicho atractor al cabo de un tiempo lo suficientemente grande. La gráfica (de dimensión fractal) que obtuvo Lorenz cuando representó sus ecuaciones fue llamada *atractor de Lorenz*.[18]

También descubrió que dos estados cuya diferencia era imperceptible terminaban evolucionando hacia dos estados considerablemente distintos. Se dio cuenta de que una pequeña disparidad, como la de utilizar un número distinto de decimales en los datos de partida, conducía a grandes diferencias en las predicciones climáticas del modelo. Así, constató que cualquier pequeño error, o perturbación, en las condiciones iniciales del sistema puede tener gran influencia sobre el resultado final. De esta forma, fue Lorenz quien describió el fenómeno conocido como *efecto mariposa*, que se da cuando un sistema tiene una sensibilidad extrema a las condiciones iniciales, de manera que cualquier pequeño cambio en el estado inicial de dicho sistema es capaz de provocar variaciones importantes en su comportamiento futuro.[19] Esta circunstancia motiva que la evolución de un sistema sea impredecible a partir de las condiciones iniciales, porque estas nunca se conocen con total exactitud. Por eso resulta imposible efectuar un buen pronóstico meteorológico a largo plazo.

La Teoría del Caos

Edward Lorenz fue, con sus estudios, el precursor del desarrollo, a partir de los años 60, de la *teoría del caos*,[20] que se puede considerar una parte de la dinámica no lineal en la teoría de sistemas complejos. Se trata de una rama científica, primordialmente matemática, que se ocupa del estudio cualitativo de los comportamientos que son inestables y aperiódicos. En un sistema dinámico cuyo estado evoluciona con el tiempo, un comportamiento aperiódico es un fenómeno inestable que se produce con regularidad, pero que nunca se repite de la misma manera, ya que se manifiestan los efectos de cualquier pequeña perturbación en las condiciones iniciales del sistema (un ejemplo de este tipo de comportamiento podemos contemplarlo cotidianamente, por ejemplo, al observar la evolución de cómo se va el agua por un desagüe).

En este tipo de sistemas la complejidad está asociada a la no linealidad que, debido al fenómeno de retroalimentación (característica de los sistemas no lineales), da lugar a la circunstancia de que causas pequeñas (cambios pequeños en las condiciones iniciales) pueden dar lugar a efectos significativos y en algunos casos espectaculares, ya que pueden ser amplificados de manera repetida por una retroalimentación autorreforzadora. Recíprocamente, estímulos mayores pueden rendir resultados de orden menor (ese tipo de efecto no ocurre con los sistemas lineales, donde cambios de pequeña magnitud producen efectos también pequeños, y los efectos grandes resultan de cambios también grandes o de la acumulación de muchos cambios pequeños).

Un ejemplo de comportamiento que comenzó a estudiar la teoría del caos es, como demostró Lorenz, el del clima, pero actualmente esta teoría se aplica en variados campos de la ciencia. Además de la predicción del tiempo, por medio de ella pueden estudiarse fenómenos tales como la evolución de la población, las fluctuaciones del mercado de valores, el movimiento de aves migratorias, el funcionamiento del cerebro, los movimientos cardíacos, etc.[21]

Por ejemplo, en el estudio de la evolución de las ciudades se observa que éstas se organizan mediante dos tipos de caos: caos local o microscópico y caos global macroscópico o determinista. El primero se da como resultado del comportamiento de los componentes individuales, y el segundo aparece como consecuencia de cierta auto-organización global que se produce debido a que las partes individuales son atraídas por determinados atractores.

En el dominio de la física cuántica también pueden observarse fenómenos de movimiento caótico. El caos cuántico se produce en un electrón cuando es sometido a un campo magnético de valor suficiente como para sacarle de su órbita alrededor del núcleo, pero no tan grande como para moverle en torno a las líneas del campo magnético. También se observa una trayectoria caótica en un electrón cuando es dispersado entre varias moléculas.

Es conveniente aclarar que la teoría del caos por sí sola no es capaz de explicar los estados complejos, los cuales se manifiestan debido a los puntos críticos de transición entre el comportamiento predecible y el impredecible caos.

Concluyendo, cuando se efectúan iteraciones repetidas en un sistema no lineal ocurre que las variables del sistema pueden no experimentar una repetición completamente regular de sus valores, sino exhibir un comportamiento aperiódico. Es el caso que vamos a analizar en el siguiente apartado.

La Aplicación Logística o Ecuación del Crecimiento

Un ámbito donde se empezaron a aplicar los conceptos y métodos de la matemática no lineal fue el de las poblaciones animales, constatando pautas de retroalimentación no lineal relacionadas con las poblaciones de presas y predadores, y obteniendo ecuaciones iterativas que hacen aparecer las fluctuaciones de la población como aleatorias e impredecibles. En *Dinámica de Poblaciones*, que es una aplicación de las matemáticas a la ecología, podemos analizar cómo la tendencia de crecimiento de una especie viva se autocorrige mediante sus interacciones con otras especies vecinas en el ecosistema (cuando no se producen dichas autocorrecciones pueden tener lugar situaciones semejantes a plagas o extinciones).

El matemático belga Pierre François Verhulst desarrolló, en 1845, un modelo para simular el crecimiento de una población cualquiera en un área cerrada, teniendo en cuenta una serie de suposiciones. En 1976, el biólogo australiano Robert May publicó un trabajo de revisión donde analizaba el modelo de Verhulst en el dominio temporal para sistemas discretos, encontrando que, a pesar de la naturaleza determinística de las ecuaciones del sistema, su comportamiento resultaba muy sensible a las condiciones iniciales y, por tanto, impredecible a largo plazo, como ocurre con los atractores extraños. La ecuación que obtuvo May para describir la evolución de una población de animales es la denominada *ecuación o aplicación logística* (también se le ha llamado "parábola logística" o "ecuación del crecimiento"):

$$x_{t+1} = r \cdot x_t (1 - x_t)$$

- x_t representa la densidad de población en un determinado año, y x_{t+1} la densidad de población en el año siguiente.
- En el segundo miembro de la ecuación, el término x_t contribuye al crecimiento de la población y el

término $(1 - x_t)$ contribuye a su disminución (debido a la limitación del alimento disponible).

- La constante r se denomina parámetro de control o de crecimiento (o índice de vitalidad); depende de la fertilidad y del área disponible.
- La variable x sólo puede tomar valores entre cero y uno; el cero correspondería al caso en el que la población se extinguiera, y el uno al caso en el que la población fuese infinita.

Esta ecuación es aparentemente muy sencilla pero produce un comportamiento complejo, y posee multitud de aplicaciones (por ejemplo, en sistemas mecánicos, eléctricos, químicos e incluso económicos).[22] El estudio de esta ecuación permite describir los fenómenos de *turbulencia*, que ilustran la *transición al caos dinámico*, representada por los atractores extraños. En su obra *Caos*, de 1987, James Gleick ya explicó esta importante ecuación, consiguiendo despertar el interés de la comunidad científica.

Veamos una situación modelo, como podría ser la de la evolución de una población de insectos en una isla desierta. La evolución de la población con el tiempo depende del parámetro *r* de la siguiente forma:

- Si r < 1, al transcurrir el tiempo la población disminuye progresivamente hasta desaparecer, como puede verse en la gráfica siguiente:

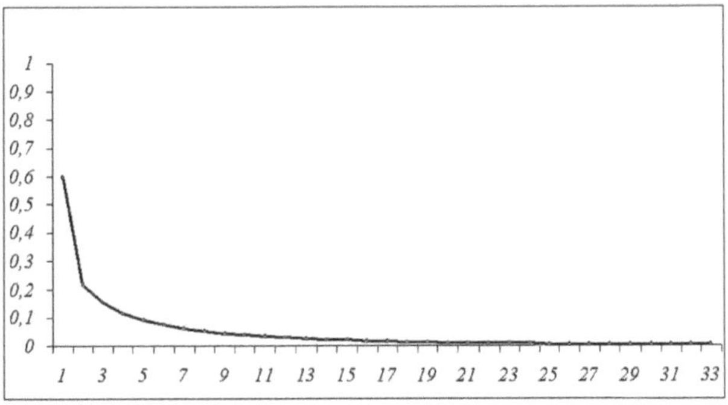

Figura 11. Evolución temporal de la densidad de población para r=0,9 y x_1=0,6

- Si $1 < r < 3$, la población aumenta hasta que se estabiliza en el valor constante no nulo $1-\frac{1}{r}$, que corresponde a una solución estacionaria.

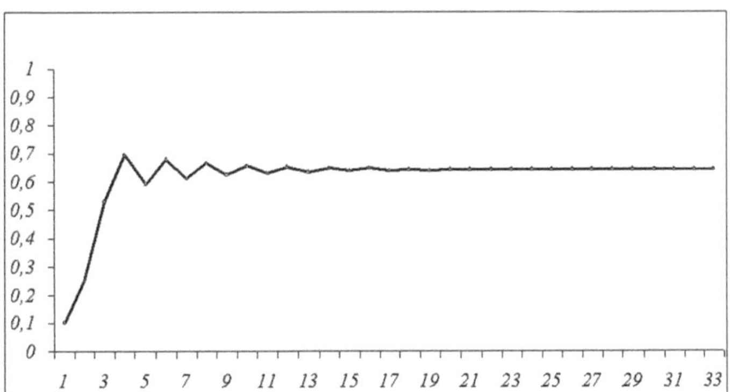

Figura 12. Evolución temporal de la densidad de población para r=2,8 y x_1=0,1

- Si $3 < r < 3{,}4494897$, al principio el número de insectos crece rápidamente y después la población acaba oscilando entre 2 valores:

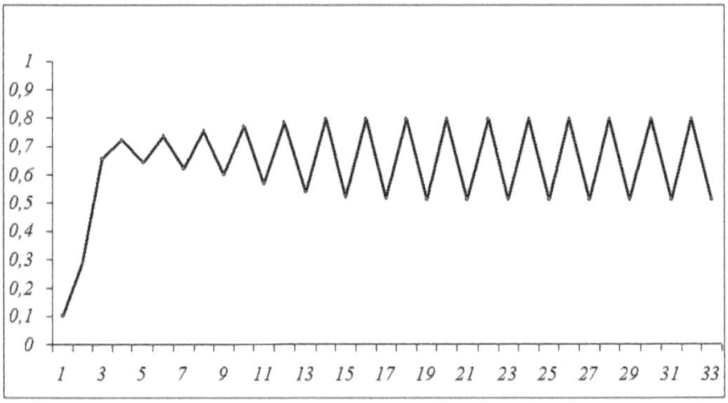

Figura 13. Evolución temporal de la densidad de población para r=3,2 y x_1=0,1

- Al superar r el valor 3,4494897 (igual a $1+\sqrt{6}$), la población sigue un ciclo oscilante entre cuatro (o sea 2^2) valores.

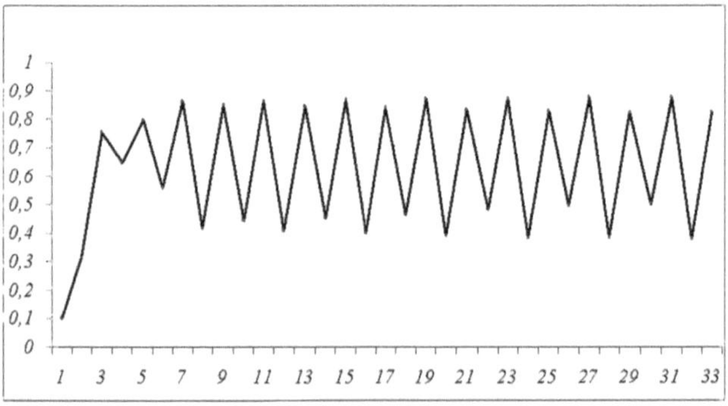

Figura 14. Evolución temporal de la densidad de población para r=3,5 y x_1=0,1

Después, el período del ciclo se va duplicando (para r = 3,544090... surge un ciclo de período $8 = 2^3$, para r = 3,564407... los ciclos pasan a ser de período $16 = 2^4$, para r = 3,568759... el período es $32 = 2^5$, etc.) hasta que se llega al valor r = 3,569946... en el que el período del ciclo tiende a infinito (en este caso se dice que el movimiento es aperiódico).

n	Período (2^n)	r_n
1	2	3
2	4	3,449490...
3	8	3,544090...
4	16	3,564407...
5	32	3,568759...
...	...	...
∞	∞	3,569946...

Tabla 1. Valores de r para los que cambia el período del ciclo.

A partir de ese valor, el comportamiento del sistema se vuelve caótico: los valores de las variables dinámicas x_t exhiben una fuerte dependencia de los valores iniciales (por ejemplo, al efectuar los cálculos en un ordenador, los resultados que se obtienen son muy diferentes a pesar de comenzar con valores iniciales muy cercanos, y los cálculos acaban dependiendo de los procesos aleatorios inherentes al propio ordenador). Esos grandes cambios en el resultado, provocados por una pequeña variación en alguna variable, corresponden al mencionado efecto mariposa, y son característicos de los fenómenos que se estudian mediante la teoría del caos.[23]

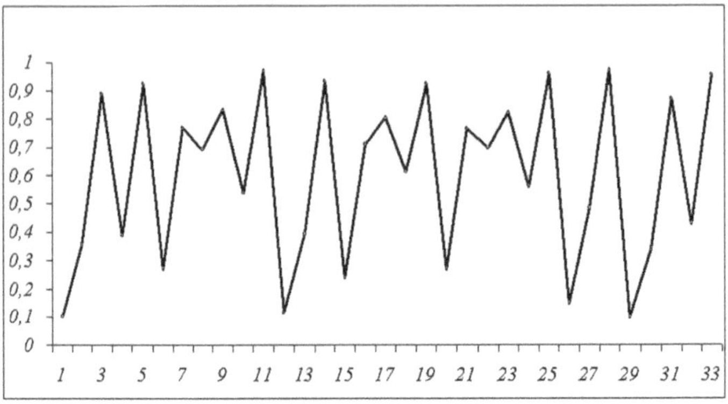

Figura 15. Evolución temporal de la densidad de población para $r=3,9$ y $x_1=0,1$

Si, en lugar de hacer un diagrama respecto a la variable tiempo, representamos los resultados del cálculo de la densidad de población que se alcanzan para valores grandes de t $(t \to \infty)$, respecto al parámetro r (es decir, si se ejecutan las suficientes iteraciones para dejar atrás el período transitorio inicial y, a partir de ese valor alto de t, se representan los puntos correspondientes a todos los valores de x generados por cada valor de r), se obtiene el gráfico siguiente, conocido como *diagrama de bifurcaciones de la aplicación logística*:

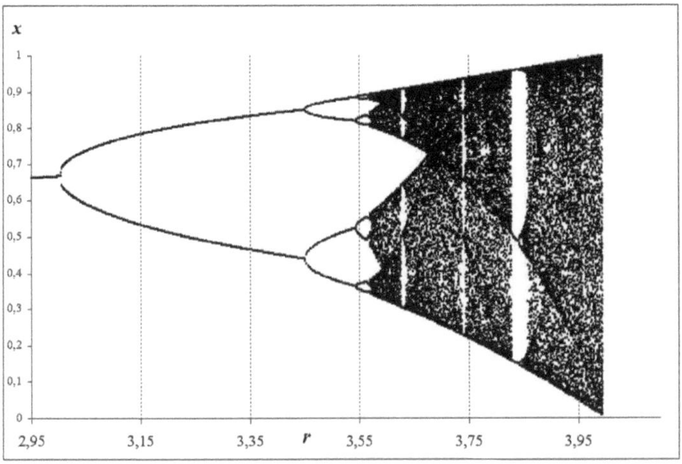

Figura 16. Cascada de bifurcaciones.

En la figura podemos comprobar que con el incremento del parámetro *r* surge una cascada de bifurcaciones, según los períodos de los ciclos en los valores de la densidad de población.

Constantes de Feigenbaum

Las bifurcaciones que podemos observar son "horquillas" que corresponden a los ciclos periódicos. El físico Mitchell Feigenbaum estudió detenidamente estas bifurcaciones en 1978, encontrando dos importantes constantes universales que, desde entonces, han permitido a los matemáticos empezar a comprender el comportamiento de los, hasta entonces inescrutables, sistemas caóticos. A partir de esos estudios, las sucesiones con duplicación del período se denominan *cascadas de Feigenbaum*.[24]

Feigenbaum calculó las diferencias entre parejas de valores de r en los que se producen duplicaciones consecutivas del período (bifurcaciones), y después calculó el cociente entre dos diferencias sucesivas, descubriendo que, en el límite, la relación entre dos intervalos sucesivos de bifurcación tiende a la constante 4,669201609102...

Dicho número se denomina *primera constante de Feigenbaum* y se representa con la letra griega δ:

$$\delta := \lim_{n\to\infty} \frac{r_n - r_{n-1}}{r_{n+1} - r_n} = 4{,}669201609102...$$

El otro valor constante lo encontró al medir la distancia entre las ramas del gráfico en los puntos correspondientes a las duplicaciones del período. Llevó al límite el cálculo del cociente entre dos distancias sucesivas, y obtuvo la que hoy se denomina *segunda constante de Feigenbaum*, representada por la letra α:

$$\alpha := \lim_{n\to\infty} \frac{\Delta_n}{\Delta_{n+1}} = 2{,}502907875...\ ,$$

siendo Δ_n la abertura de la horquilla que corresponde al orden n. La existencia de esta segunda constante significa que las aberturas de las horquillas se contraen en cada paso, obedeciendo un factor constante igual a α.

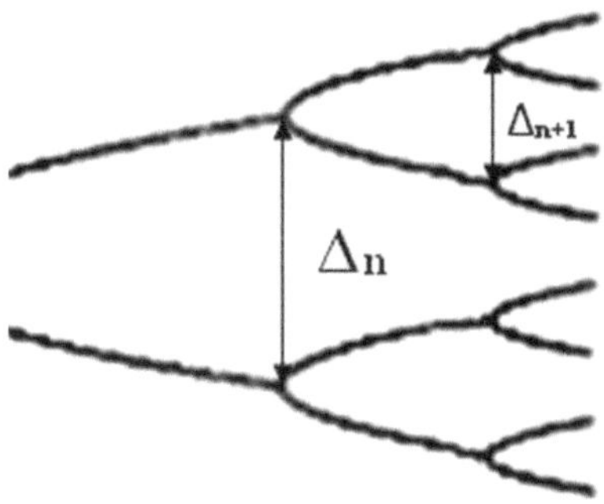

Figura 17. Intervalos que se utilizan en el cálculo de la segunda constante de Feigenbaum

Universalidad

Más adelante, en 1978, Feigenbaum publicó un artículo demostrando que los valores de las constantes fundamentales δ *y* α son los mismos para una amplia clase de funciones matemáticas, en las cuales dichas constantes se manifiestan inmediatamente antes de la ocurrencia de caos. Así estableció las denominadas *leyes universales de transición al estado caótico*.[25]

En su artículo, Feigenbaum utilizó el término *universalidad* al referirse a estas leyes naturales que afectan a los sistemas en el punto de transición entre el orden y el estado turbulento o caos. La universalidad implica que sistemas distintos se comportarán de modo idéntico, volviéndose caóticos de la misma forma. Los experimentos posteriores han confirmado experimentalmente las leyes de Feigenbaum para varios tipos de sistemas de naturaleza completamente diferente.

A continuación podremos ver que los conceptos de bifurcación y turbulencia, que hemos ilustrado mediante la aplicación logística, son propios de los sistemas abiertos en general y también están relacionados con la termodinámica de no equilibrio.

Bifurcaciones

Consideremos un sistema abierto cuya evolución en el tiempo está aparentemente controlada, es decir, se encuentra en un estado estable. De repente, empiezan a modificarse las condiciones de su entorno de manera que el sistema realiza continuos intentos de mantener el "statu quo". Llega un momento en que dichos intentos resultan infructuosos y el sistema, evitando el colapso, que consistiría en su desintegración en componentes individualmente estables, progresa evolucionando irreversiblemente hacia un estado resistente a las *fluctuaciones* que desestabilizaron el estado estable inicial.

Expliquémoslo con más detalle: Si el comportamiento de un sistema dinámico depende de algunos parámetros externos presentes en su ambiente, al cambiar dicho ambiente cambia también el estado del sistema a un ritmo similar. Es decir, las condiciones de contorno ejercen un control sobre la actividad intrínseca del sistema. Normalmente, las fluctuaciones de las condiciones son corregidas por retroalimentaciones negativas auto-estabilizantes procedentes del interior del sistema, pero a cierta distancia del equilibrio pueden existir fluctuaciones que escapen a dicho control, desestabilizando el sistema y abriendo diferentes posibilidades de evolución. En ese caso los parámetros pueden alcanzar un valor crítico en el que esas fluctuaciones aumentan (alcanzando dimensiones macroscópicas, o sea, visibles a simple vista sin microscopio, si se trata de un sistema físico), produciéndose una transformación de forma rápida y espectacular (si doblamos un palillo lentamente, este al principio se curva, pero en un determinado momento, sin que cambie apenas nada, el palillo se quiebra de repente).

Si queremos explicar el proceso desde un punto de vista estrictamente mecanicista, las fluctuaciones a gran escala, que pueden aparecer a raíz de una inestabilidad inicial, provocan diferentes tipos de movimientos colectivos internos, interviniendo una multitud de objetos o subestructuras cuya acción conjunta conduce finalmente a las estructuras macroscópicas (describiéndolo matemáticamente: en un sistema que posee un número infinito de variables o grados de libertad, existen uno o varios grados de libertad cuya alteración obliga a que varíe también el resto, debido a las correlaciones entre dichas variables).

Dichos cambios súbitos en un sistema dinámico se denominan *bifurcaciones* porque, al representarlo en el espacio de fases, su trayectoria se escinde, se bifurca.[26] Los puntos críticos de inestabilidad a partir de los cuales aparecen las nuevas formas de orden haciendo posible nuevos estados del sistema se denominan *puntos de bifurcación*. Alrededor de dichos puntos de bifurcación cualquier inestabilidad o perturbación infinitesimal puede decidir el futuro régimen de funcionamiento del sistema.

Es decir, las bifurcaciones tienen lugar después de que el estado del sistema ha pasado a ser inestable, y posteriormente a ellas el sistema puede encontrar un nuevo estado estable. Una bifurcación no garantiza la estabilidad del nuevo estado estacionario ya que, al alejarse del equilibrio, pueden surgir nuevas estructuras hacia las que tienda el sistema, desarrollándose este mediante una sucesión de inestabilidades y fluctuaciones. Todo ese proceso se puede representar por medio de un diagrama de bifurcaciones, desplegable al ir aumentando los valores de un parámetro (como la **Figura 16**, que vimos al analizar la aplicación logística). Así, se puede recorrer el diagrama de bifurcaciones siguiendo una trayectoria. Es posible calcular la estabilidad o inestabilidad de los distintos estados, y el estado al cual se dirigirá el sistema tras las fluctuaciones. Para algunos valores del parámetro de bifurcación puede haber un único estado estacionario; en cambio, para otros valores serán posibles otros conjuntos de estados estacionarios o ramas en el diagrama, que pueden dar lugar a estados inestables o estables.

Teoría de catástrofes

Del estudio de las transiciones a nuevos estados estructurales en los sistemas dinámicos se ha ocupado tradicionalmente la *Teoría de bifurcaciones*. En matemáticas, las bifurcaciones se han estudiado también con la *Teoría de singularidades de las aplicaciones suaves*.[27] Al realizar el estudio matemático de los sistemas dinámicos, se produce una bifurcación cuando, durante una variación continua de las condiciones exteriores, un “cambio suave” en los valores de los parámetros puede hacer que el sistema reaccione de forma brusca, perdiendo su estabilidad. Dicha pérdida de estabilidad ha sido denominada *catástrofe*. La rama de la matemática que estudia estos eventos se llama *Teoría de catástrofes*, que se considera un caso particular de la mencionada Teoría de singularidades.[28]

La teoría de catástrofes proporciona una base que estandariza el estudio de las variaciones cualitativas, en función de los parámetros, en las ecuaciones no lineales que describen sistemas lejanos al equilibrio. Tiene como objeto encontrar principios que indiquen cómo a partir de una solución de una ecuación surgen o se ramifican otras soluciones a partir de cierto valor crítico de un parámetro. Con esta teoría se establecen los límites de estabilidad de las diferentes estructuras (o sea, las regiones en las que pueden existir), analizando los cambios que tienen lugar en la estructura de cada estado posible. Pero lo hace desde un punto de vista estático; de la evolución en el tiempo de los sistemas se ocupa la Teoría de bifurcaciones.

La teoría de catástrofes tiene muchas aplicaciones. Se utiliza actualmente en meteorología, construcción, óptica, aerodinámica, economía e incluso física cuántica. Su formulación procede de los estudios del matemático francés René Thom sobre ecuaciones diferenciales no lineales (caóticas). Lo mismo que ocurre con los atractores, existe solamente un puñado de posibles tipos diferentes de bifurcación, por lo que Thom hizo una clasificación de ellos en los años 70.[29] Posteriormente, el también matemático Christopher Zeeman trabajó sobre dicha clasificación, relacionándola con los lugares topológicos correspondientes a cambios drásticos en el espacio de fases, y publicando en 1977 sus resultados con el nombre de "Teoría de catástrofes", utilizándose a partir de entonces dicha denominación.

Turbulencia

Cuando en un sistema abierto aumenta la condición de no-equilibrio (progresando desde un estado homogéneo próximo al equilibrio hacia un estado no homogéneo), al variar los parámetros exteriores (ya sea un gradiente de temperaturas, la intensidad de una radiación, etc.) surge una sucesión de bifurcaciones que conduce al sistema por sucesivos cambios de estructura.

A partir de esta situación, puede ocurrir en el estado del sistema lo que hemos presenciado observando la aplicación logística: al alcanzar un determinado umbral crítico de inestabilidad, las fluctuaciones se descontrolan y rompen la estructura del sistema. En el límite de esa situación se desarrolla un fenómeno denominado *turbulencia*, dando después lugar a un movimiento cuasi-periódico muy complejo que suele denominarse *caos dinámico,* para cuya descripción sólo pueden utilizarse métodos estadísticos. En ese momento, el sistema dinámico alcanza un estado final "caótico", apareciendo atractores extraños en el espacio de fases (donde está representado el retrato dinámico de su evolución).

Una típica turbulencia se manifiesta, por ejemplo, cuando, al abrir completamente un grifo, el flujo de agua sale de manera muy irregular. Dicho movimiento turbulento es macroscópico, a diferencia del movimiento térmico molecular cercano al equilibrio.

Como consecuencia de la desviación respecto al equilibrio, en el movimiento turbulento se establecen asociaciones nuevas entre regiones separadas del flujo, aumentando la ordenación interior de éste y complicándose su estructura. Así, surgen nuevas limitaciones y correlaciones entre las magnitudes que caracterizan matemáticamente al sistema. Por ese motivo, el número de grados de libertad (la totalidad de variables independientes o parámetros que caracterizan al sistema) necesario para describir el movimiento turbulento es muy grande.

Hemos visto que la turbulencia se produce lejos del equilibrio y que, evidentemente, parece un fenómeno desordenado. Según el punto de vista de la física y la termodinámica clásicas, una situación de equilibrio representa orden (el orden, por ejemplo, de los cristales), y el no equilibrio representa desorden (como, por ejemplo, el desorden de los flujos turbulentos). Pero una, aparentemente desordenada o caótica, turbulencia de agua (o de aire) posee en su interior una compleja organización compuesta por patrones de vórtices que se subdividen y que pueden observarse al reducir la escala.

Este dato nos anticipa que, en un sistema, el no-equilibrio también puede ser fuente de orden. Tanto René Thom como Edgar Morin entienden que las desintegraciones o "catástrofes" que suponen las bifurcaciones conducen hacia un desorden, manifestado claramente en el fenómeno turbulento, pero que dicho "desorden", como veremos posteriormente, puede acabar evolucionando hacia a la auto-organización del propio sistema.

3. AUTOORGANIZACIÓN Y ESTRUCTURAS DISIPATIVAS

Auto-organización

Un sistema descrito según la termodinámica clásica (que se ocupa de los sistemas en equilibrio donde existe disipación de energía en forma de pérdida de calor, por rozamiento, fricción, etc.) puede describirse mediante ecuaciones lineales, tiende siempre a minimizar sus flujos de intercambio con el exterior y, con el transcurrir del tiempo, a alcanzar el estado estacionario de equilibrio térmico que se caracteriza por corresponder a una entropía máxima. Es el caso de los sistemas físicos aislados o cerrados (es decir, aislados de las acciones exteriores), que se mantienen en no equilibrio mientras tienen lugar los procesos físicos que los conducen al equilibrio, en el que la entropía alcanza su máximo valor. No obstante, lo anterior se refiere a un caso ideal.[1] Resulta habitual que el sistema no pueda alcanzar el equilibrio debido a las condiciones de contorno impuestas (que no permitan el "cierre" total del sistema). Si dichas condiciones de contorno son independientes del tiempo (es decir, constantes), el sistema alcanza un *estado estacionario* (que no debe confundirse con el estado de equilibrio). Además, cuando los sistemas evolucionan hacia el equilibrio, lo hacen pasando por sucesivos estados "cuasi-estacionarios", término que indica la existencia limitada en el tiempo de los estados estacionarios.

Cuando se trata de sistemas abiertos, existen tipos de sistemas dinámicos que, aunque son inestables y de comportamiento muy complejo, cerca del equilibrio pueden comportarse de forma lineal y homogénea. En un sistema de ese tipo, si se produce algún evento que lo aleja del equilibrio, el sistema entra en una nueva dinámica, no lineal.

Entonces, si ocurre una perturbación que induce a una determinada zona del sistema a desplazarse más allá de un umbral crítico (un punto de bifurcación), dicha zona (que, más adelante identificaremos con lo que se denomina una estructura disipativa) se auto-organizará de manera diferente. Ese funcionamiento cualitativamente nuevo competirá con el del resto que no ha fluctuado, produciéndose, en los contornos de esa zona particular, intercambios de materia, energía o información con el sistema global. Dichas interacciones son consecuencia del intento por parte del sistema de aislar o suprimir la zona, y de la lucha que la nueva organización funcional de la zona fluctuante lleva a cabo para expandirse.

Varios sistemas o subsistemas pueden estar relacionados entre sí, surgiendo un flujo de entropía de un sistema a otro, equilibrándose el flujo de entropía que aumenta internamente en cada sistema con el flujo que sale hacia el exterior. En esas circunstancias puede surgir y mantenerse un estado estacionario que L. Bertalanffy denominó *estado de equilibrio fluyente*.[2] En ese momento, si se mantiene el intercambio de energía y/o masa con el medio circundante, el estado de equilibrio fluyente puede mantenerse y el sistema se mantiene "lejos del equilibrio térmico". Entonces, en ciertas condiciones, la producción de entropía en el interior del sistema puede verse superada por su disminución debido al flujo de intercambio con el exterior.

Como ya hemos dicho, es el intercambio de energía y materia lo que mantiene al sistema en el estado de equilibrio fluyente, y variando el flujo del exterior es posible controlar los procesos y conducir al sistema por estados cada vez más lejanos al equilibrio. Cuando un sistema se auto-organiza de manera gradual va pasando por sucesivos estados estables estacionarios (igual que hacen los sistemas que tienden al equilibrio, aunque en sentido contrario), cada uno de los cuales posee un punto crítico a partir del que surge la inestabilidad que desencadena la nueva auto-organización.

Considerado desde un estado inicial homogéneamente desordenado, cercano al equilibrio, existe cierto valor crítico del flujo exterior que hace surgir una inestabilidad, apareciendo fluctuaciones que se desarrollan hasta un nivel macroscópico, manifestándose en una turbulencia y haciendo posible el surgimiento de determinadas estructuras que pueden evolucionar y aumentar su estado de orden. Este es un proceso de *autoorganización*, que se puede describir matemáticamente mediante ecuaciones diferenciales no lineales.

El estado de turbulencia absorbe energía, es decir, es disipativo. En consecuencia, al ser los procesos de disipación de energía un elemento necesario de la autoorganización, las formaciones ordenadas surgidas reciben el nombre de *estructuras disipativas*, como veremos más adelante. Es decir, la auto-organización se hace manifiesta con la emergencia de estructuras (o conductas) novedosas en un sistema.

En mi opinión, si considerásemos una hipotética matriz teórica formada por todas las variables interactuantes y sus posibles acciones recíprocas, detectaríamos asociaciones que serían redundantes para una deseable configuración óptima mínima que pudiera definir un todo organizado. Personalmente creo que sólo cuando el sistema descarta o libera un pequeño número de determinadas relaciones o conexiones, no imprescindibles para el equilibrio dinámico hacia el que puede evolucionar, es cuando deviene o emerge la estructura como totalidad autónoma: *Las propiedades emergentes de un sistema surgen desde el momento en que dicho sistema "renuncia" a controlar o incluir ciertas variables en su funcionamiento interno; es decir, desde que simplifica o sintetiza, decidiendo la configuración interna estable que le conferirá las propiedades de un todo, y la selección de variables de las que dependerá.*

La capacidad de auto-organización es una propiedad que tienen los sistemas abiertos, o sea, los sistemas que permiten flujos de intercambio con su medio circundante. La principal dificultad para el análisis de los procesos de autoorganización es que matemáticamente no pueden utilizarse relaciones lineales, debido a los bucles de retroalimentación que ocurren en dichos sistemas. La autoorganización en estos sistemas complejos surge de la espontánea coordinación de sus elementos constituyentes, que no procede de ningún elemento superior de control, y que dirige después el comportamiento del sistema como un todo, emergiendo y consolidándose un nuevo orden.

Una importante característica de los sistemas no lineales es que su evolución es *irreversible*. Podemos decir que, en definitiva, los procesos irreversibles en los sistemas abiertos son capaces de dar lugar al surgimiento de *sistemas disipativos autoorganizados,* siendo las fluctuaciones la fuente u origen de la evolución estructural. Los procesos irreversibles tienen una importancia clave en los organismos vivos, porque hemos visto que estos son sistemas que siempre operan lejos del equilibrio.

En este punto, podemos puntualizar lo siguiente: a)Los procesos de organización espontánea y de surgimiento de estructuras pueden mostrar que el no equilibrio y la irreversibilidad son, en último término, origen de organización y de orden en los sistemas. b)Las fluctuaciones puestas en marcha por una inestabilidad constituyen el desencadenante de la formación o de la evolución de las estructuras.

Brevemente y, a modo de resumen: En un sistema abierto, la situación de no-equilibrio, la irreversibilidad, los bucles de retroalimentación y la inestabilidad dan lugar a la autoorganización o aumento espontáneo de orden y complejidad en la estructura del sistema. *Un sistema que se auto-organiza es aquel que intercambia con su exterior un flujo permanente de energía y materia, manteniéndose en un estado estable lejos del equilibrio térmico, con puntos críticos a partir de los cuales aparecen nuevos patrones de orden como consecuencia de los bucles internos de retroalimentación, y puede describirse mediante ecuaciones no-lineales.*

El fenómeno de autoorganización dentro del marco de la termodinámica de los sistemas abiertos también tiene una importante cualidad: su universalidad, que consiste, como ya conocemos, en la capacidad de caracterizar un gran número de fenómenos mediante varias regularidades fundamentales. Esto permite formular un modo general de comprender un gran conjunto de fenómenos, tanto de la sociedad como de la naturaleza.

Basándose en ello, el físico alemán Hermann Haken ha utilizado el término "sinergética" (de una palabra griega que significa "acción conjunta o coordinada") para denominar la disciplina que estudia las regularidades generales de estos procesos de auto-organización en sistemas de diferente naturaleza (físicos, químicos, biológicos, sociológicos, etc.). Es más conocida la denominación "termodinámica de los sistemas abiertos" (o "termodinámica de los procesos irreversibles"), que se emplea para designar la disciplina que limita su estudio a los sistemas físico-químicos fuera del equilibrio. Adicionalmente, teniendo en cuenta que los procesos cooperativos mencionados son similares a los que ocurren durante las *transiciones de fase* en sistemas de equilibrio (como los materiales ferroeléctricos, ferromagnéticos y superconductores), a las formaciones de estructuras disipativas Haken las denominó "transiciones de fase fuera de equilibrio" o "de no-equilibrio".[3]

En un sistema, todas las transiciones de fase de no-equilibrio parten de una fase del proceso que es inestable. Para analizar los tipos de inestabilidad, A. M. Liapunov formuló en 1892 los criterios de estabilidad de los procesos. Dichos criterios consisten básicamente en la idea de que la solución del sistema de ecuaciones no-lineales (que describe el movimiento o proceso) es estable siempre que todas las demás soluciones que se encontraban en el instante inicial cerca de la solución dada sigan hallándose cerca de ella.

Como veremos más adelante, la diferencia respecto a las transiciones de fase en sistemas de equilibrio consiste en que un sistema en un estado estacionario de no-equilibrio necesita absorber del exterior entropía negativa. El físico Erwin Schrödinger la describió del siguiente modo: "la entropía, expresada con signo negativo, es una medida del orden. Por consiguiente, el mecanismo por el cual un organismo se mantiene a sí mismo a un nivel bastante elevado de orden (:= un nivel bastante bajo de entropía) consiste realmente en absorber continuamente orden de su medio ambiente".[4]

El aumento de entropía provoca transiciones de fase que conducen al sistema al equilibrio, mientras que su disminución consigue mantener al sistema en un estado estacionario de no equilibrio.

Figura 18. Entropía y transiciones de fase.

Tipos de estructuras

Por tanto, la conclusión es que el no-equilibrio es una fuente de orden. Según los tipos de ordenación y sus manifestaciones exteriores, las estructuras que se forman pueden ser espaciales, temporales o espacio-temporales.

Más adelante analizaremos algunos ejemplos característicos de procesos de ordenación, basándonos en la descripción que hacen los físicos L. A. Sheliepin y A. I. Osipov:

- Un clásico ejemplo de auto-organización a partir de una fase totalmente caótica son las celdas de convección de Bénard, que surgen al cambiar el mecanismo de transporte de calor de conducción a convección, debido a un gradiente de temperaturas. Corresponde a la formación de una estructura espacial.
- Un ejemplo de formación de una estructura temporal es el modelo predador-presa o modelo de Lotka-Volterra.
- También veremos un ejemplo de transición que conduce a la formación de una estructura espacio-temporal: la transición que tiene lugar cuando un láser pasa al régimen de generación.

Uno de los creadores de la termodinámica de los procesos irreversibles ha sido el físico-químico belga Ilya R. Prigogine. Su investigación durante los años 60 sobre la estabilidad lejos del equilibrio se centró en el conocido fenómeno de la *inestabilidad de Bénard* o *convección térmica*, y terminó desarrollando la teoría de las estructuras disipativas, obteniendo el premio Nobel de química en 1977, especialmente por la contribución y aplicación de dicha teoría a la química y la biología.

Estructuras espaciales: La inestabilidad de Bénard

La inestabilidad de Bénard o convección térmica es un fenómeno originado por una pendiente o gradiente vertical de temperatura en una capa horizontal de líquido, y constituye un ejemplo de autoorganización espontánea a partir de la inestabilidad de un estado estacionario. En dicho fenómeno se observa claramente a simple vista el rasgo fundamental de la termodinámica de los procesos irreversibles; es una muestra de cómo, bajo condiciones alejadas del equilibrio, estos procesos pueden evolucionar de forma predecible hacia una auto-organización local.

El físico francés Henri C. Bénard observó, a principios del siglo XX, que al calentar por debajo una capa fina de un líquido viscoso (como el mercurio), en un recipiente plano y ancho, cuando el gradiente de temperatura (variación de temperatura por unidad de longitud) supera cierto valor crítico se origina de forma espontánea una estructura cuya forma es semejante a la de un panal de abejas. La capa de líquido se organiza en prismas hexagonales que respetan una determinada proporción entre la altura y los lados (*celdas de Bénard*). En la cara horizontal superior, el líquido va fluyendo desde el centro hacia los bordes, y en la inferior al revés. Verticalmente asciende por el centro y desciende por la cercanía de las caras.

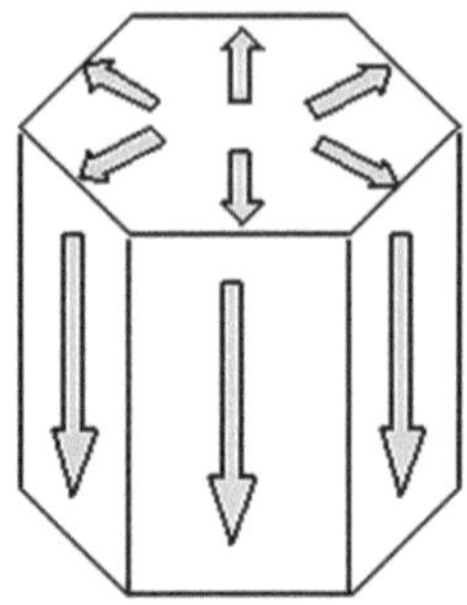

Figura 19. Proceso de convección visto en una celda de Bénard.

La explicación es la siguiente: Cuando el líquido se calienta desde abajo de manera uniforme, el flujo de calor procedente desde el fondo es constante; en ese caso el calor está siendo transmitido por *conducción* y el líquido se mantiene en reposo, ya que la superficie inferior del líquido se calienta a una temperatura mayor que la de la superficie superior, generándose en consecuencia un permanente flujo de calor desde abajo hacia arriba.[5]

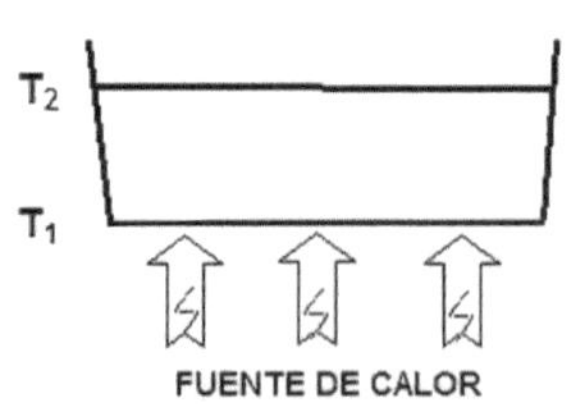

Figura 20. Recipiente calentado en el efecto Bénard: $T_1>T_2$.

Si se sigue suministrando más calor al sistema, surge una diferencia de temperatura o *gradiente*, ΔT, entre las superficies inferior y superior del recipiente. Debido a la dilatación térmica, el líquido de la superficie inferior obtiene una menor densidad que el líquido cercano a la superficie superior. Un sistema de este tipo resulta inestable, por la influencia de la fuerza de gravedad y de la fuerza de empuje de Arquímedes ya que, al ser la capa superior más pesada que la inferior, estas tienden a cambiar de posición. En ese momento, en el líquido surgen movimientos colectivos de las moléculas. Esos movimientos constituyen fluctuaciones. No obstante, mientras los gradientes de temperatura son pequeños, el calor continúa transmitiéndose por conducción debido a la viscosidad del líquido, porque las fluctuaciones surgidas son amortiguadas por la acción de las fuerzas de rozamiento viscoso.

Cuando la diferencia de temperatura, o gradiente, entre el fondo y la parte superior supera un determinado valor crítico (se dice que se entra en la *región supercrítica*), ha aumentado tanto el flujo de calor que debe atravesar la capa de líquido que la conductividad térmica no resulta suficiente para permitirlo. Para que la capacidad de transporte de calor aumente, el sistema necesita en ese momento una forma de regular los flujos opuestos, como si se tratara de regular el tráfico de automóviles mediante carreteras. El movimiento de las moléculas se vuelve más ordenado de lo que ocurre durante la conducción térmica ordinaria, y las fluctuaciones (que en este caso son corrientes de convección microscópicas) se intensifican, alcanzando una escala macroscópica e invadiendo el sistema en su totalidad, se desestabiliza el estado estacionario (de conducción del calor) en el que se encuentra el líquido y surge un flujo de convección que maximiza la velocidad del flujo calorífico. La transmisión del calor comienza entonces a hacerse mediante el fenómeno de *convección térmica*, motivado por el movimiento coherente de un gran número de moléculas, apareciendo así las mencionadas celdas hexagonales tipo colmena, descendiendo el líquido más frío por las paredes de las celdas y ascendiendo el líquido más caliente por el centro de ellas.[6]

A. I. Osipov representa gráficamente el flujo de calor Q que asciende desde la superficie inferior hasta la superior, en función del gradiente de temperatura ΔT, donde puede verse que para valores supercríticos (superiores al umbral o valor crítico) del gradiente de temperatura cambia la pendiente, lo que indica que mediante el régimen convectivo el sistema consigue movilizar un mayor flujo de calor.

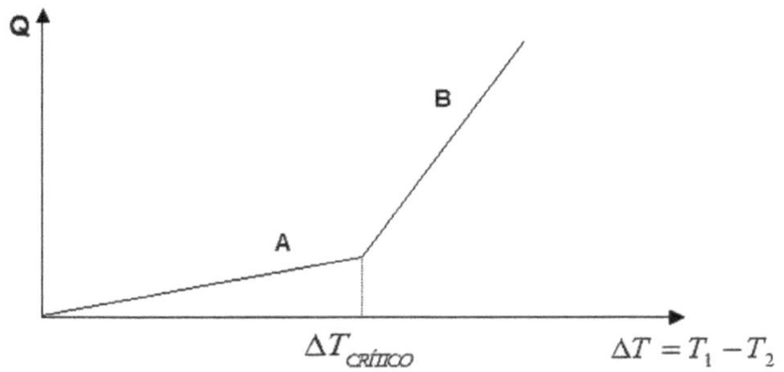

Figura 21. Flujo de calor en el líquido en función del gradiente de temperatura.

Como señala Osipov, en comparación con la distribución más homogénea correspondiente a un líquido en reposo, las celdas convectivas constituyen una estructura con una mayor organización. El mayor grado de orden está relacionado con una entropía baja, así que para mantenerla se dice que el sistema abierto exporta entropía (en lugar de absorberla, como hacen los sistemas cerrados que tienden al equilibrio térmico).

Según Osipov, la cantidad de entropía que el sistema entrega al medio es: $\Delta S = \frac{Q}{T_1} - \frac{Q}{T_2}$, ya que Q es tanto la cantidad de calor que el sistema recibe del medio, a la temperatura T_1, como la que le entrega a la temperatura T_2.

Como $T_1 > T_2$, entonces $\Delta S < 0$

Dicho de otra forma, el mantenimiento de la auto-organización se debe a la "absorción de entropía negativa". Como entender esta expresión no resulta intuitivo, el físico francés Leon Brillouin denominó a la entropía negativa *neguentropía* (también se la ha llamado "sintropía") para expresarla de forma positiva. Por consiguiente, se dice que el sistema auto-organizado importa o absorbe neguentropía de su entorno.

Durante sus investigaciones, Prigogine observó que el punto crítico de inestabilidad aparece cuando la temperatura se ha alejado lo suficiente del estado de equilibrio (que corresponde a una temperatura uniforme), dándose cuenta de que a partir de ese punto emerge el comportamiento coherente de millones de moléculas actuando como un todo ordenado, formando las características celdillas hexagonales de convección. Así, determinó que en los sistemas alejados del equilibrio la materia se *auto-organiza* desde el desorden, o caos térmico, hacia un orden que refleja su interacción con el entorno.

Estructuras disipativas

Para describir este tipo de fenómenos de autoorganización de los sistemas abiertos lejos del equilibrio, como el ejemplo de la convección térmica, Prigogine desarrolló una termodinámica no lineal, introduciendo la expresión *estructura disipativa*, queriendo expresar con la palabra "estructura" que, en este caso, la disipación no está asociada al concepto de pérdida sino al de estructuración y orden. Dicha disipación está asociada a la necesidad de un aporte continuo de energía debido a soportar algún tipo de resistencia o amortiguación (como el rozamiento). Es decir, la energía consumida se utiliza para poder mantener la estructura, en lugar de perderse en forma de calor. En resumen, el término *estructura disipativa*, acuñado por Prigogine, pretende resaltar que, en ese tipo de sistemas, existe una estructura estable coexistiendo con la disipación de energía (la cual habitualmente se encuentra asociada a los cambios).

Como expresa Prigogine: "Las células de Bénard constituyen un primer tipo de *estructura disipativa,* cuyo nombre representa la asociación entre la idea de orden y la de desperdicio y se escogió a propósito para expresar un nuevo hecho fundamental: la disipación de energía y de materia -generalmente asociada a los conceptos de pérdida y rendimiento y evolución hacia el desorden- se convierte, lejos del equilibrio, en fuente de orden; la disipación se encuentra en el origen de lo que podemos llamar los nuevos estados de la materia. Las estructuras disipativas corresponden en realidad a una forma de organización *supramolecular".*[7]

Un ejemplo simple de estructura disipativa es un vórtice: el agua que fluye en un desagüe constituye un sistema formado por una espiral o remolino con embudo que se forma espontáneamente. En este caso, aunque existe un continuo flujo de agua, la forma o estructura característica permanece estable.

Personalmente, me gusta pensar en las estructuras disipativas como si fueran *procesos iterativos en los que la estructura se copia a sí misma.* Una forma simbólica de definir este concepto para una estructura disipativa que, hipotéticamente, evolucionase en el tiempo de forma discreta, podría ser la expresión $x_{t+1} = \alpha x_t^{\beta}$ donde, por ejemplo, la variable x estaría asociada con la masa de la estructura, α tomaría un valor relacionado con el intercambio de energía en el instante t entre dicho sistema y su entorno, y β tendría que ver con el intercambio de masa.

Este tipo de sistemas no tienden al equilibrio térmico, sino a mantener su propia estructura, teniendo la posibilidad de atravesar inestabilidades alejándose aún más del equilibrio, aumentando su orden y complejidad.

Según Ilya Prigogine, los sistemas que se encuentran lejos del equilibrio (o estructuras disipativas según la terminología de su nueva termodinámica) en general, y los sistemas vivos en particular, mantienen e incrementan su propio orden utilizando el creciente desorden que existe a su alrededor, consiguiéndolo gracias a su intercambio con el exterior de importantes flujos de energía y materia, interrelacionados entre sí mediante un gran número de variables independientes interactuando a través de múltiples bucles de retroalimentación.

Prigogine demostró que, aunque la energía de las estructuras disipativas procede del exterior (igual que la perturbación inicial que produce las primeras fluctuaciones), las inestabilidades que dan lugar a nuevas formas de organización en el sistema proceden realmente de la amplificación, tanto positiva como negativa, por parte de los bucles de retroalimentación, de las fluctuaciones producidas en el interior del propio sistema. A medida que aumenta el flujo de intercambio de energía y materia, se pueden producir inestabilidades escalonadas que permiten la transformación de la estructura del sistema hacia una complejidad creciente. La formulación de Prigogine, de la teoría de las estructuras disipativas, consiguió dar un sentido a la paradoja que implica la coexistencia de cambio disipativo y al mismo tiempo estabilidad estructural en un sistema. Además, la teoría de Prigogine incluye el concepto de la existencia de puntos críticos de inestabilidad a partir de los cuales pueden surgir formas de creciente complejidad, con nuevos órdenes y estructuras.

De esta forma, en los años 70, mediante las matemáticas no lineales, Ilya Prigogine consiguió formular una nueva ley termodinámica aplicable a los sistemas abiertos, basándose en el concepto de autorregulación. Al contrario de lo que ocurre en la termodinámica clásica, donde el movimiento molecular es aleatorio, en un sistema termodinámico lejos del equilibrio el movimiento de las moléculas posee ciertas características de coherencia, debido a los bucles de retroalimentación mediante los cuales se encuentran relacionadas. Prigogine constató que, a causa precisamente de esas relaciones retro-alimentadoras, tan sólo por medio de un formalismo matemático basado en ecuaciones no lineales se puede describir el comportamiento de los sistemas lejos del equilibrio.

Desde el punto de vista matemático, la desviación de un sistema respecto al estado de equilibrio se describe mediante ecuaciones no lineales. La multiplicidad de soluciones que suelen tener este tipo de ecuaciones constituyen la representación matemática de los puntos críticos de inestabilidad o puntos de bifurcación, donde actúan las fluctuaciones de tipo aleatorio. Las ecuaciones que desarrolló Prigogine describen de manera determinística el comportamiento de los sistemas lejanos al equilibrio, excepto en los puntos críticos. Dichas ecuaciones dan lugar a varios estados estacionarios, de entre los cuales sólo pueden darse los que son estables respecto a las fluctuaciones. La consecuencia de ello es que la auto-organización se produce mediante la transición de un estado estacionario estable a otro.

Orden originado por fluctuaciones

El comportamiento matemático del sistema, es decir, la solución matemática que éste escoge, depende de los antecedentes o historia previa del sistema (de su comportamiento anterior y de las condiciones iniciales de su entorno), por lo que resulta muy difícil de predecir. A partir de los puntos críticos o de bifurcación, una estructura disipativa puede colapsarse o, por el contrario, autoconducirse hacia un nuevo estado de mayor orden. Tanto la historia previa por la que ha pasado el sistema como cualquier pequeña fluctuación o “ruido” de su entorno resultan determinantes para la “decisión del camino” a partir de dichos puntos. Para expresar esa situación de elección de la rama por la que ha de continuar el sistema, Prigogine utilizó la expresión "orden por fluctuaciones", un orden cuyo origen es el no-equilibrio. [8]

Cuando un sistema se encuentra cerca del equilibrio su comportamiento ante las fluctuaciones obedece una ley universal: el segundo principio de la termodinámica. Sin embargo, los sistemas abiertos lejos del equilibrio pueden elegir entre varios regímenes de funcionamiento cuando llegan cerca de los puntos de bifurcación.

Cualquier pequeña diferencia puede producir una fluctuación insignificante que, si las circunstancias son favorables, puede extenderse y originar un nuevo orden de funcionamiento. Así, a través de una serie de puntos de bifurcación o inestabilidad, las estructuras disipativas son capaces de alejarse más del equilibrio, desplegándose la complejidad y entrando el sistema, espontáneamente, en estados de mayor orden (en el sentido de Boltzmann).

Por tanto, la tendencia constructiva o transformadora inherente a la irreversibilidad de un sistema viene provocada, en último término, por las fluctuaciones. Una estructura nueva siempre surge de las fluctuaciones que se magnifican como resultado de la inestabilidad que suponen los puntos críticos. Cada fluctuación puede amortiguarse o bien expandirse a todo el sistema. Existe un régimen “subcrítico” (menor que un umbral determinado) en el que las fluctuaciones decaen o se disipan, y un régimen "supercrítico" (en el que se ha superado el umbral) para el que las fluctuaciones se amplifican alcanzando el nivel macroscópico y conduciendo a la nueva estructura.

En palabras de Prigogine & Stengers: "(...) el orden por fluctuación (...) nos lleva a distinguir entre los estados del sistema en los que toda iniciativa individual está condenada a la insignificancia y las zonas de bifurcación en las que un individuo, una idea o un comportamiento nuevo pueden trastornar el estado medio. Esto no sucede con cualquier individuo, idea o comportamiento, sino sólo con aquéllos que son «peligrosos», aquéllos que pueden utilizar en su propio beneficio las relaciones no-lineales que hacen nacer un orden determinado del caos de los procesos elementales y que pueden, llegado el caso, en otras condiciones, determinar la destrucción de este orden, la aparición, más allá de otra bifurcación, de otro régimen de funcionamiento".[9]

Como veremos a continuación, existen muchos otros casos, en variados ámbitos, en los que surge el orden global a partir de un aparente caos subyacente.

Coherencia en sistemas inorgánicos

En una reacción química se produce una gran cantidad de procesos microscópicos, que son de algún modo independientes. Macroscópicamente, sin embargo, aparece un sorprendente resultado global de la reacción, que obedece en realidad al comportamiento colectivo de los procesos en su conjunto. En física, para designar ese tipo de comportamiento suele utilizarse el concepto de *correlación*.

El estado de equilibrio, según Prigogine, es un estado singular en el que las correlaciones son nulas, o sea, donde los diferentes procesos locales no se interrelacionan. Ocurre lo contrario que en los sistemas no ordenados lejos del equilibrio, donde hemos visto que se generan estructuras disipativas como resultado del desarrollo de las inestabilidades propias del sistema. Para que eso suceda, en contra de la tendencia de los microprocesos al comportamiento caótico, se produce un comportamiento cooperativo de los mismos. En el sistema se generan fluctuaciones a gran escala que producen diferentes tipos de movimientos colectivos o *modos* en los subsistemas que lo componen, produciéndose espontáneamente una selección de los más adaptados. Las correlaciones son características de las estructuras disipativas.

Refiriéndose a los sistemas físico-químicos, dicen Prigogine & Stengers: "Uno de los aspectos más interesantes de las estructuras disipativas es, sin ninguna duda, su coherencia. El sistema se comporta como un todo, como si fuese el seno de fuerzas de largo alcance. A pesar del hecho de que las interacciones entre moléculas no exceden de un rango del orden de 10^{-8} cm, el sistema se encuentra como si cada molécula estuviese «informada» del estado global del sistema".[10]

También reconocen que se produce el fenómeno de coherencia en el mundo orgánico, comentando que todo sistema vivo es un sistema abierto y disipativo, en permanente intercambio de materia y energía con el medio, manteniendo un estado de coherencia en el que predomina un orden global que emerge de sus elementos constitutivos, y actúa sobre ellos mismos coordinando sus comportamientos, tratándose así de un sistema autoorganizado y coherente.

Un conocido ejemplo, esta vez perteneciente al terreno de la física, que puede ilustrar el fenómeno de la coherencia en un sistema, es el caso del láser. En este caso, la estructura que se genera es de tipo espacio-temporal.

Estructuras espacio-temporales: El láser

La estructura disipativa generada en la inestabilidad de Bénard, o convección térmica, estaba constituida por celdas observables a simple vista que se mantenían estables una vez formadas; se trataba de una estructura de tipo espacial.

La transición que experimenta la emisión láser al pasar al régimen de generación también es un ejemplo de formación de una estructura espacial, como las celdas de Bénard. Pero el láser, además, posee una alta coherencia de tipo temporal, por lo que se considera una estructura de tipo espacio-temporal.[11] Otra estructura de tipo espacio-temporal es la reacción de Belousov-Zhabotinsky, que ya se mencionó en el tema de las ecuaciones de reacción-difusión; dicha reacción BZ es un ejemplo de organización espacio-temporal debido a la formación de ondas químicas que se observa en ella, con pautas tanto en el espacio como en el tiempo, al pasar repetidas veces por la misma secuencia de reacción. El caso del láser no se trata de un fenómeno de auto-organización en química sino en física, y fue descrito como tal por Hermann Haken.

Anteriormente se creía que el efecto láser era un mero fenómeno de amplificación (la traducción del significado de las siglas inglesas "LASER" es "Amplificación de Luz mediante Emisión Estimulada de Radiación"), pero Haken se dio cuenta de que, por amplificación, simplemente se generarían distintas avalanchas incoherentes de luz. Contrariamente a eso, en el funcionamiento de un láser se produce una transición desde la luz normal de lámpara (compuesta por un conjunto desordenado o incoherente de ondas de distintas fases y frecuencias) hasta una luz final de tipo láser compuesta por una luz monocromática (un conjunto único de ondas coherentes). Dicha transición hacia la coherencia tiene lugar debido a la emisión luminosa coordinada de los átomos del láser, y Haken descubrió que se trata de un fenómeno no lineal de auto-organización. Lo explicamos de manera simplificada:

El "láser de estado sólido" está compuesto por una barra (a la que se denomina *medio activo*) compuesta por átomos activos dentro de una matriz sólida a la que se transmite una *radiación de bombeo*, mientras la superficie de un extremo de la barra actúa como un espejo parcialmente transparente, y la del otro extremo como un espejo de reflexión total.

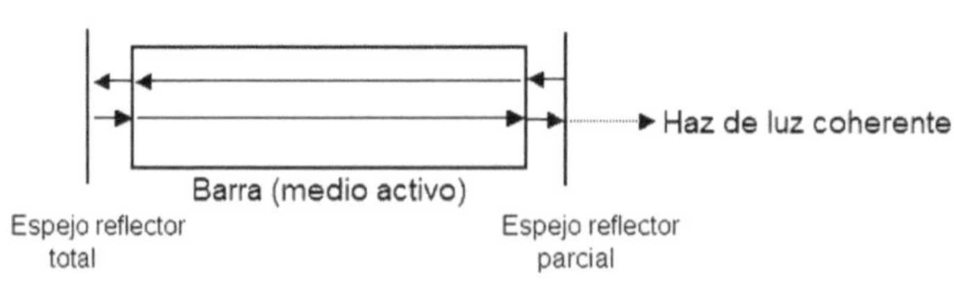

Figura 22. Esquema básico de un láser.

Si los átomos que componen la barra se encuentran en su nivel energético más bajo, es decir, no excitado, entonces dicho material se encuentra en estado de equilibrio. Para que tenga lugar el fenómeno láser la barra debe convertirse en un *medio activo,* tiene que encontrarse en un estado lejos del equilibrio, para lo cual se introduce previamente en el sistema una retroalimentación positiva mediante los espejos colocados en los extremos de la barra.

La *radiación de bombeo* que se aplica a la barra consigue excitar algunos átomos, haciendo pasar electrones a un estado energético superior. Cuando transcurre el tiempo de vida medio, dichos átomos terminan emitiendo fotones mediante el mecanismo de *emisión espontánea*.[12]

Una parte de los fotones emitidos se reflejan en los espejos, permaneciendo en el interior de la barra y vuelven a producir átomos excitados debido a que su energía es precisamente la necesaria para que los electrones asciendan al nivel superior. De esta forma aumenta la población de átomos con electrones en el nivel energético excitado.

Para valores pequeños de la potencia de la radiación de bombeo (menor que un valor crítico), la energía de bombeo que absorbe cada átomo hace que este emita un fotón cuya dirección es aleatoria, de manera que los trenes de ondas luminosas emitidos por los átomos son independientes unos de otros y el láser funciona como lo haría cualquier lámpara.

Sin embargo, a partir de un cierto valor de la potencia de bombeo, la acción de la radiación recibida junto con los espejos hace que la población del nivel energético superior llegue a superar a la del nivel inferior, produciéndose lo que se llama *inversión de población*. Debido a ello, a partir de ese momento predomina el mecanismo de *emisión estimulada o inducida* sobre el mecanismo de emisión espontánea, y además la radiación emitida es coherente con la radiación incidente.[13]

De este modo, el sistema entra en la región supercrítica, donde el funcionamiento como lámpara ordinaria se hace inestable y todos los átomos comienzan a oscilar en fase emitiendo radiación coherente, por lo que aumenta bruscamente la intensidad de luz emitida. Al contrario de lo que ocurre con el régimen de lámpara, el régimen de emisión láser es estable, correspondiendo a un comportamiento "cooperativo" o coherente de los átomos y de los fotones emitidos.

En resumen, el sistema se encuentra lejos del equilibrio térmico, dado que existe un continuo flujo de energía desde su exterior (la radiación de bombeo), para poder excitar los átomos y que éstos puedan irradiar energía a su vez. Al aumentar la intensidad en la aportación de energía exterior se llega a un punto crítico de inestabilidad, a partir del cual el sistema se auto-organiza mediante la cooperación o coherencia de sus múltiples partículas, dando lugar al efecto láser. La conclusión es que cuando el láser pasa al régimen de emisión, lejos de tratarse de un fenómeno de amplificación, en el sistema formado por los átomos tiene lugar un proceso de autoorganización.

Es evidente la analogía de la situación en los láseres con el fenómeno del movimiento convectivo térmico. Igual que en este, existe un valor umbral o crítico a partir del cual el sistema cambia su régimen de funcionamiento. La intensidad de la radiación láser depende de la potencia de bombeo de una forma análoga a lo que ocurre en la estructura de Bénard con la transmisión del calor en función del gradiente de temperaturas. La recta B, representada en la **Figura 21,** puede representar tanto el régimen de formación de las celdas de Bénard como el régimen de emisión láser.

Transiciones de fase fuera de equilibrio

Las transiciones de fase en general se producen cuando, al variar de forma continua los parámetros exteriores a un sistema, se produce una variación brusca de las propiedades físicas de dicho sistema. Las transiciones de fase pueden ser de primer orden o de segundo orden. La evaporación, solidificación, etc., constituyen transiciones de fase de primer orden, y tienen en común que en ellas se absorbe o se desprende calor, y que tienen cambios repentinos en la densidad. Otras transiciones de fase, como las transiciones que se producen al pasar algunos metales de su estado normal al estado superconductor, o las que conducen a un material del estado ferromagnético al paramagnético, son transiciones de segundo orden.

Más allá de estos tipos de fenómenos, tanto el láser como la convección térmica corresponden a una estructuración o *transición de fase fuera de equilibrio*, que necesita una alta cooperación en el ámbito molecular. Cuando un sistema cualquiera se encuentra en equilibrio termodinámico obedece al principio de Boltzmann, siendo despreciable la probabilidad de que un número macroscópico de moléculas se organice de manera espontánea como ocurre en los dos casos que se han analizado. Solamente si las condiciones externas (campo de radiación en el caso del láser o gradiente de temperatura en las celdas Bénard) mantienen al sistema lejos del equilibrio, en el sistema se producen fenómenos de alta cooperación que pueden formar estructuras ordenadas (ya sea un movimiento colectivo en fase o un flujo regular de calor). Existe una gran variedad de transiciones de fase de no-equilibrio pero todas tienen en común que, en último término, dependen de las fluctuaciones. Veremos por qué.

Como ya comenté en el primer apartado de este tercer capítulo, H. Haken denominó "transiciones de fase fuera de equilibrio" a los procesos de auto-organización (como el surgimiento de la emisión láser) debido a su semejanza con las "transiciones de fase" de segundo orden. En las transiciones de fase de segundo orden no existe intercambio de calor y tampoco hay un cambio brusco en la densidad, pero lo que tienen de particular es que en uno de los lados del punto de transición surge una magnitud física mientras al otro lado dicha magnitud es nula. Es decir, comparándolo con el estado inicial, en su estado final después de la transición el sistema atesora una característica complementaria, que resulta ser una variable macroscópica fundamental en el proceso: el denominado *parámetro de orden* de dicha transición de fase.

Como indica el físico L. A. Sheliepin, el parámetro de orden es una función de correlación que viene determinada por los modos inestables. Al realizar el análisis de la transición de fase, la existencia del parámetro de orden permite disminuir de manera considerable el número de variables a estudiar (dejando sólo las relacionadas con la transición de fase), en comparación con el tipo de análisis que se llevaría a cabo sin considerar dicho parámetro. Por ejemplo, en la transición al estado de superconductividad en un metal el parámetro de orden es la *función de onda de los pares de Cooper* (ver Apéndice), en la transición de un material al estado ferroeléctrico el parámetro de orden es la *polarización,* y el parámetro de orden correspondiente a la transición al estado ferromagnético es la *magnetización.*

El parámetro de orden permite realizar una importante generalización basada en el isomorfismo estructural: los sistemas físicos que tienen el mismo número de dimensiones (ya sean 1, 2 ó 3), y que también poseen parámetros de orden con un número de componentes o dimensiones iguales, exhiben un idéntico comportamiento, independientemente de los detalles microscópicos de cada fenómeno.[14] Estamos de nuevo ante la *hipótesis de universalidad.*

Pero, podemos preguntarnos: Durante el surgimiento de la emisión láser, ¿cuál es el parámetro de orden? El también físico A. I. Osipov nos responde a esta pregunta: Como se ha explicado anteriormente, los átomos excitados generan un campo de luz al bajar de nivel energético los electrones excitados de esos átomos, y dicho campo ejerce, a su vez, su influencia sobre otros átomos que se encuentran en estado excitado, motivando la aparición de la radiación inducida o estimulada. En el régimen subcrítico, el campo de radiación inducida no predomina, pero al aumentar la potencia de bombeo, aumenta también la inversión (actuando de forma equivalente a la diferencia de temperaturas en la conducción de calor). Las fluctuaciones y la disipación son dos factores que, con su acción aleatoria, están perturbando el proceso de radiación inducida. A pesar de ello, cuando la radiación de bombeo alcanza el valor crítico y se produce la inversión de población, el sistema se vuelve inestable. En este escenario, los diferentes "modos" (longitudes de onda) inestables compiten, y la amplitud del modo vencedor se convierte en el parámetro de orden. Dicho *modo* permite que la radiación sea coherente y así se produzca un crecimiento brusco de su amplitud.

Una transición de fase conduce a formar una estructura más compleja (en el sentido de mayor orden o información) que la que tiene el sistema antes de dicha transición. El hecho de que la estructura contenga mayor información u orden implica que su simetría es menor, ya que para representar una forma simétrica se precisa un mínimo de información. Por consiguiente, al surgir la nueva estructura disminuye la simetría del sistema. Por ejemplo, cuando, en el caso de la inestabilidad de Bénard, surgen las celdas hexagonales, dejan de ser equivalentes todos los puntos y las direcciones del espacio.

En 1937, el matemático y físico ruso L. D. Landau, premio nobel de física en 1962, propuso estudiar las transiciones de fase de segundo orden como variaciones en la simetría, la cual cambia repentinamente en el punto crítico. La herramienta matemática que se utiliza para estudiar estos cambios de simetría es la *Teoría de grupos*. La importancia de esa teoría procede de que las relaciones de grupo que maneja reflejan con bastante fidelidad las propiedades estructurales que se observan en el mundo real.

Una particularidad que se ha detectado en el estudio de las relaciones de grupo (es decir, de la simetría) para este tipo de transiciones de fase es que, al disminuir la temperatura de algunos sistemas acercándose al cero absoluto, aumenta el orden asociado a dicho sistema, es decir, la simetría va siendo menor (recordemos que a menor simetría, mayor orden, y por consiguiente mayor cantidad de información). También se ha observado algo parecido en el ámbito de la física de las partículas elementales, donde se ha constatado que para energías altas la simetría es mayor que cuando la energía del sistema es baja.

Estructuras temporales: Modelo de Lotka-Volterra

Anteriormente hemos analizado la formación de estructuras en líquidos y en láseres; una estructura es de tipo espacial y la otra espacio-temporal. Pero existen otros tipos de estructuras disipativas: son aquellas en las que, a partir de un estado homogéneo, surge una estructura cuya manifestación es de tipo exclusivamente temporal.

Un ejemplo de estructura temporal es la que se forma al modelar la interacción entre las poblaciones de dos especies animales, en las que una es presa y la otra predador.[15] En este conocido modelo se utilizan dos ecuaciones diferenciales no lineales de primer orden, las *ecuaciones predador-presa* o *modelo de Lotka-Volterra*:

$$\frac{dx}{dt} = x(a - by) = ax - bxy$$

$$\frac{dy}{dt} = -y(c - dx) = -cy + dxy$$

Donde

- x es el número de individuos de tipo presa.
- y es el número de individuos de tipo predador.
- dx/dt y dy/dt indican la evolución en el tiempo de las dos poblaciones.
- a, b, c, d son parámetros.

Significado de los parámetros:

- *a* es la tasa instantánea de aumento de presas en ausencia de predadores.

- *b* refleja la susceptibilidad de las presas a ser cazadas.

- *c* es la tasa instantánea de disminución de predadores en ausencia de presas.

- *d* refleja la capacidad de los predadores para cazar.

De esta forma, el término *ax* representa el crecimiento de la población de presas si estuvieran solas y dispusieran de recursos ilimitados. El término *bxy* representa la tasa de encuentros fatales de las presas con los predadores. El término *dxy* de la segunda ecuación representa el crecimiento de la población de predadores que depende de su interacción con las presas. Por último, el término *cy* indica la desaparición natural de los predadores.

Vamos a suponer, por ejemplo, que los predadores son linces y las presas son liebres. Las liebres se alimentan de la vegetación que suponemos inagotable, mientras los linces se alimentan con las liebres. Según aumenta el número de liebres, crece la cantidad de comida disponible para los linces, debido a lo cual éstos se reproducen más intensamente, aumentando su población. En cierto momento, el número de linces es tan grande que las liebres desaparecen muy rápidamente por lo que, al disminuir su número, se reducen las reservas de alimento de los linces y, por consiguiente, también disminuye la población de éstos últimos. Como consecuencia, aumenta de nuevo la cantidad de liebres, entonces los linces empiezan nuevamente a cazar más y a reproducirse, repitiéndose el ciclo indefinidamente.

Asignando valores iniciales a las variables y a los parámetros, se puede representar la evolución de las poblaciones de liebres y de linces. Si se eligen, por ejemplo, los siguientes valores:

Población inicial de las presas	*x = 125*
Población inicial de los predadores	*y = 75*
Tasa de natalidad de las Presas	*a = 0,240*
Tasa de encuentros entre presas y predadores	*b = 0,005*
Tasa de desaparición natural de los predadores	*c = 0,200*
Tasa de crecimiento de los predadores como resultado de su interacción con las presas	*d = 0,004*

Tabla 2. Asignación de valores iniciales en el modelo de Lotka-Volterra

Podemos observar las oscilaciones del sistema al representar las poblaciones, entre las cuales se detecta claramente una correlación temporal que se explica de la forma siguiente:

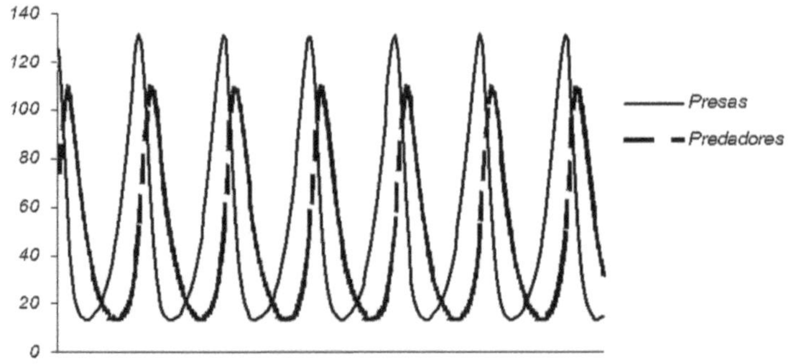

Figura 23. Evolución temporal de las poblaciones de liebres y linces según tabla anterior.

Como las dos poblaciones dependen del tiempo, al despejar éste se obtiene como resultado la relación entre las poblaciones, que se puede representar en el espacio de fases. Para un patrón oscilatorio, emerge una forma geométrica que corresponde a un atractor de *ciclo límite*, conteniendo el conjunto de trayectorias a través de las cuales el sistema evoluciona a lo largo del tiempo. En los ciclos límite, al transcurrir el tiempo, el sistema siempre se aproxima al movimiento periódico, independientemente del estado en que se encuentre.

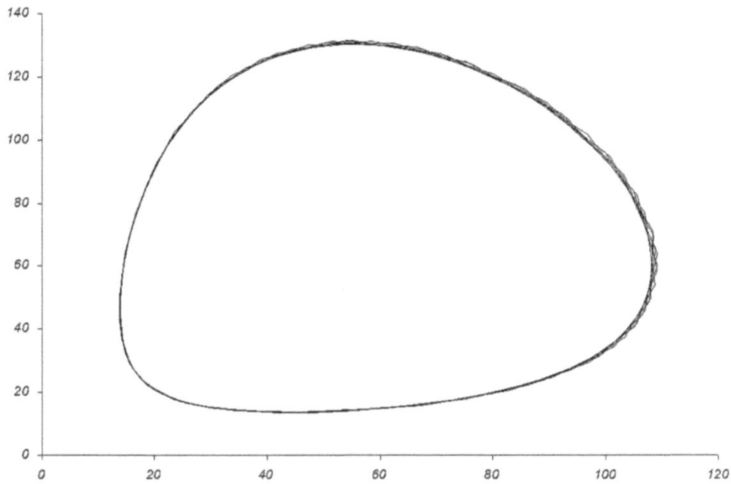

Figura 24. Atractor de ciclo límite en el espacio de fases, al representar la evolución de las presas en función de los predadores.

Si nos fijamos detenidamente en la figura, apreciamos que no se trata de una línea clara, sino que tiene lugar un conjunto infinito de ciclos o curvas cerradas, es decir que no existe ninguna trayectoria concreta hacia la cual tienda el sistema. Cualquier perturbación, por pequeña que sea, es capaz de variar la trayectoria; el sistema está al borde de la inestabilidad.

4. AUTOORGANIZACIÓN EN SISTEMAS VIVOS

Química y autocatálisis

Las ecuaciones de Lotka-Volterra no sólo son aplicables en la ecología, también son capaces de describir las oscilaciones no amortiguadas de las concentraciones de sustancias en algunos sistemas químicos. Se trata de un caso flagrante de isomorfismo estructural, según el cual fenómenos diferentes pueden describirse con un mismo modelo matemático. Por ese motivo, las ecuaciones del tipo mencionado poseen una marcada relevancia en el ámbito del pensamiento sistémico.

Así pues, en nuestra exposición vamos a volver ahora a la química en virtud de dicho isomorfismo. En algunos experimentos químicos, al mezclar dos líquidos se produce una difusión orientada en el tiempo, en el sentido de que el aspecto de la mezcla va cambiando por momentos hasta convertirse en el producto final. Estas reacciones obedecen a la termodinámica de los procesos irreversibles, porque su flujo aleja del equilibrio al sistema físico-químico, al producirse fenómenos de ruptura de simetría y auto-organización espontánea, haciendo que evolucione hacia un estado de mayor complejidad. Prigogine dijo que esos procesos irreversibles son la fuente del orden.

En los fenómenos de irreversibilidad,[1] puede compararse la tendencia geométrica que exhiben los atractores en el espacio de fases con el concepto de *afinidad química,* que tiene que ver con el sentido que toma una reacción según las especies químicas que se encuentran en ella, del mismo modo que un gradiente de temperatura decide el sentido hacia el cual fluye el calor.[2]

En química, el ejemplo más representativo de estructura (en este caso espacio-temporal), generada por flujos de materia y energía, es la formada por el mecanismo de reacción-difusión (ya descrito en el capítulo 1), observado en algunos procesos biológicos y que subyace en las reacciones químicas oscilatorias.

Además de estudiar la inestabilidad de Bénard, Ilya Prigogine investigó a fondo esas reacciones químicas oscilatorias, representadas típicamente por la reacción de Belousov-Zhabotinsky mencionada en apartados anteriores, y observó que dichas reacciones eran "no-lineales". La no linealidad se debe a que una reacción de ese tipo contiene una relación recursiva, originada en que un producto de la reacción ejerce una acción retroactiva sobre la propia reacción. Se trata de casos en los que es necesaria la presencia de un producto para conseguir la síntesis de ese mismo producto. Dicho de otra forma, uno de los productos originados por la reacción química actúa como catalizador de la misma reacción.[3] Por eso, este tipo de retroalimentación se denomina *autocatálisis*. La autocatálisis es un tipo muy importante de catálisis, particularmente en el ámbito de la biología. Un ejemplo de autocatálisis se puede representar mediante el bucle de reacción $A+2X \rightarrow 3X$. Los sistemas que tienen ese tipo de bucles de reacción se describen mediante ecuaciones cinéticas que son ecuaciones diferenciales no-lineales.

Según Prigogine & Stengers, en un sistema donde se desarrolla una cadena de reacciones químicas, esos bucles o ciclos autocatalíticos, que se producen cuando un producto de una reacción química participa en su propia síntesis, son los únicos pasos de reacción capaces de cuestionar seriamente la estabilidad del estado estacionario en el que se encuentra el sistema. Es decir, la retroalimentación autocatalítica es una condición necesaria para la inestabilidad que desencadena la formación de estructuras. En mi opinión, *se trata de una idea de extraordinaria importancia, si tenemos en cuenta su posible generalización fuera de la química.* Una consecuencia es que el futuro estado de un sistema, además de verse influido por las condiciones exteriores a él, siempre depende de su propia actuación o de la información procedente de su estado actual, el cual también depende de sus propios estados anteriores.

Según la teoría de Prigogine de las estructuras disipativas, tanto la reacción BZ como otras reacciones químicas oscilatorias son sistemas bioquímicos complejos que operan lejos del equilibrio térmico, y producen bucles catalíticos de retroalimentación autorreforzadora que conducen al sistema a un punto crítico o de inestabilidad, dando lugar a la formación espontánea o emergencia de nuevas estructuras de orden superior (disminuyendo su entropía). A estos sistemas químicos auto-organizadores con ciclos catalíticos se les suele denominar "relojes químicos".

Vida y autocatálisis

La retroalimentación autocatalítica es un mecanismo de regulación muy frecuente en los sistemas vivos.[4] En el funcionamiento metabólico celular pueden observarse bucles autocatalíticos similares a los existentes en las reacciones químicas oscilatorias; un ejemplo es el de las enzimas, proteínas específicas que catalizan numerosos procesos (como el ciclo de Krebs que tiene lugar en las células). Prigogine muestra que los procesos químicos (irreversibles) del metabolismo de los seres vivos constituyen bucles autocatalíticos que, mediante el fenómeno de retroalimentación autorreforzadora, conducen al sistema a puntos de inestabilidad o bifurcación donde el comportamiento de dicho sistema resulta impredecible.

Aunque los ciclos autocatalíticos se pueden producir en algunas reacciones químicas abiertas y fuera de equilibrio, suelen prodigarse mucho más en el ámbito de la biología. En este último caso, dichos ciclos autocatalíticos se acoplan gracias a los llamados *agentes autónomos*.

Agente autónomo

Pero, ¿qué es un agente autónomo? El concepto, en rigor, no nos sorprende con nada nuevo, sino que enlaza básicamente con lo que hemos visto hasta ahora: formalmente, el agente autónomo puede identificarse con un sistema termodinámico abierto alimentado por un flujo continuo exterior de energía y materia que lo mantiene, en un ciclo irreversible, fuera del equilibrio. En biología, cualquier organismo o célula es un agente autónomo, porque es un sistema físico que cumple esas condiciones, y es capaz de actuar para su propio provecho dentro de un entorno determinado.

Para el biólogo teórico Stuart Kaufmann, un agente autónomo se define como un sistema autocatalítico capaz de reproducirse y de desarrollar al menos un ciclo de trabajo termodinámico. Además, se trata de un sistema que se encuentra fuera de equilibrio y que almacena energía. Referente a lo que denomina "ciclo de trabajo", Kaufmann denomina "trabajo" a una liberación restringida de energía.[5] Para él, la clave son esas restricciones, esenciales para que se produzca el trabajo, que serían equivalentes a los engranajes o conexiones que posee cualquier máquina. Otra cuestión importante es que así mismo se precisa de un trabajo para llevar a cabo la construcción de esas restricciones a la liberación de energía.

Para Kaufmann, "la biosfera está constituida por las acciones y el saber hacer de los agentes autónomos, -sistemas moleculares físicos que insertan un flujo de materia, energía, construcción de restricciones y organización en su persistente coevolución-".[6] En sus investigaciones sobre biología, S. Kaufmann llega a la conclusión de que una biosfera integrada por agentes autónomos es un todo autoconsistente y autoconstruido, donde sólo pueden sobrevivir los organismos adaptables que residen en un régimen ordenado próximo a la frontera del caos, propagándose las avalanchas de cambios a través del sistema, consiguiendo un equilibrio entre exploración y explotación. De esta forma, la transformación y la expansión de la biosfera tiene lugar de un modo que no puede preestablecerse, al contrario de lo que ocurriría en un sistema algorítmico que obedeciera reglas de transformación formales y definidas.

Al interconectarse varios sistemas autónomos se establecen vínculos entre ellos mediante ciclos que los catalizan entre sí mutuamente, formándose "hiperciclos" que los hacen cada vez más interdependientes de manera que, conjuntamente, pasan a constituir y estructurar un sistema emergente con autonomía. De esta forma, los sistemas que eran autónomos inicialmente se convierten en subsistemas de un "supersistema" de mayor nivel. En una red de interconexiones de varios sistemas, como ocurre en un organismo vivo, una señal de un determinado subsistema puede progresar en múltiples direcciones, lo cual implica que los mensajes que un elemento envía acaban repercutiendo en los estímulos que dicho elemento recibe posteriormente. En otras palabras, en un organismo vivo existen redes de comunicación donde se generan numerosos bucles de retroalimentación no lineales que dan lugar a la auto-organización o autorregulación del propio sistema.

Esto vuelve a permitirnos constatar que el comportamiento de un organismo no puede ser comprendido sólo observando sus partes, sino considerándolo como un todo integrado. Las propiedades esenciales de un sistema vivo son sistémicas, ya que emergen del conjunto, de las interrelaciones que organizan esa determinada clase de sistema u organismo. Así, en biología se manifiesta claramente el pensamiento sistémico, porque cada organismo vivo es una totalidad integrada en la que existe un continuo flujo material e informativo, producido por los procesos internos (metabólicos, hormonales, etc.) como consecuencia del desarrollo o evolución en el tiempo de dicho organismo, a pesar de que mantenga su apariencia o forma general.

Estructuras disipativas y Vida

La conclusión es que los organismos vivos pueden considerarse estructuras disipativas, ya que dependen para su supervivencia de un flujo continuo de energía y materia que intercambian con su medio externo y transforman para su beneficio, consiguiendo con ello, mediante su auto-organización interna, mantener una estructura estable, aunque no rígida, pudiendo desarrollarse y evolucionar (además de reproducirse). En lo referente a su organización interna pueden considerarse sistemas cerrados, pero son abiertos en lo que se refiere al intercambio material con su exterior.

Este concepto está en consonancia con la noción de homeostasis de Walter Cannon, según el cual el medio interior de un organismo es capaz de mantenerse básicamente constante a pesar de las fluctuaciones del entorno exterior. En último término, el mecanismo que permite la homeostasis del medio interno de los seres vivos es la retroalimentación.

Así, desde un punto de vista sistémico, un organismo vivo es un sistema abierto con sus procesos de autorregulación, cuyo funcionamiento lo mantiene lejos del equilibrio. Si el estado estable en el que se encuentra el sistema llega a colapsar, se produce una crisis o transición hacia un nuevo estado estable más adaptado a las condiciones de su entorno. Físicamente, es una estructura disipativa que precisa recibir de su medio un continuo flujo de agua, aire y nutrientes para mantener su estado de orden y, por consiguiente, su vida. El conjunto de sus procesos metabólicos y bucles de retroalimentación origina sucesivas y pertinentes bifurcaciones, que mantienen al sistema lejos del equilibrio y permiten su desarrollo.

El físico austríaco Fritjof Capra lo explica así: "La clave para entender las estructuras disipativas es comprender que se mantienen en un estado estable lejos del equilibrio. (...) Un organismo vivo se caracteriza por un flujo y un cambio continuos en su metabolismo, comprendiendo miles de reacciones químicas. El equilibrio químico y térmico se da únicamente cuando estos procesos se detienen. (...) Los organismos vivos se mantienen constantemente en un estado alejado del equilibrio, en el estado de vida. Siendo muy distinto del equilibrio, este estado es sin embargo estable a lo largo de periodos prolongados de tiempo, lo que significa que, como en el remolino, se mantiene la misma estructura general a pesar del incesante flujo y cambio de componentes".[7]

Según Capra, una célula puede compararse a un vórtice o remolino, en el sentido de que las dos son estructuras cuya estabilidad procede del flujo de energía y materia que las atraviesan. En el caso del remolino, la fuerza principal que está en equilibrio es la de la gravedad. En el caso de la célula, son fuerzas químicas, como los bucles de retroalimentación catalíticos que alberga en su interior. En el vórtice, la inestabilidad surge debido al movimiento giratorio inicial. Las inestabilidades de la célula proceden de los bucles o ciclos catalíticos que caracterizan a los procesos metabólicos. Dichos procesos pueden conducir al sistema más lejos del equilibrio hasta un umbral de inestabilidad o punto de bifurcación, a partir del cual el sistema evoluciona hacia una nueva forma de orden. En una representación mediante espacio de fases, esos puntos de bifurcación corresponderían a cambios drásticos en una trayectoria, como la aparición de un nuevo atractor.

Si observamos con cierta perspectiva la vida de un ser vivo, podemos identificar a éste con un sistema cuyo estado va alejándose del equilibrio, desde su nacimiento hasta un determinado momento temporal (coincidente con una edad mediana según la relativa longevidad de su especie) en el que, por causas, en realidad, aún desconocidas, el proceso se invierte, de manera que las subsiguientes transiciones a nuevos estados estacionarios comienzan a acercarlo cada vez más al equilibrio térmico.

Un ejemplo paradigmático de sistema abierto que intercambia con su exterior un flujo constante de materia y energía, manteniéndose de forma estable lejos del estado de equilibrio, es la atmósfera terrestre, según James Lovelock, el autor de la teoría Gaia. Esta conocida teoría unifica varias disciplinas científicas (geología, biología, química,...) en una globalidad sistémica.

Cada ecosistema terrestre se encuentra en equilibrio, debido a la interacción entre las poblaciones de diferentes especies de seres vivos. Cada una de esas poblaciones está compuesta por muchos individuos de una única especie. A su vez, los individuos son sistemas que están compuestos por otros subsistemas menores, anidados en varios niveles jerárquicos; cada ser vivo está compuesto de órganos que, a su vez, se componen de células, las cuales son, también, sistemas organizados.

Así, observando el mundo viviente podemos contemplar siempre varios niveles de sistemas estructurados dentro de otros sistemas, de manera jerárquica. Cada nivel de complejidad exhibe propiedades sistémicas propias de ese nivel, emergiendo en él características no observables o no manifestadas en los niveles inferiores.

La idea descrita por R. Sheldrake, en su hipótesis de la resonancia mórfica (mencionada en el capítulo 1), sobre las experiencias, o los conocimientos, que un número suficiente de individuos de una especie dada aporta a su memoria colectiva, es coherente con la idea de que cada especie resulta ser una totalidad o unidad, con un nivel jerárquico superior al de los individuos que la componen y, como tal, posee ciertas características propias no accesibles por las unidades inferiores a nivel jerárquico, es decir, por los individuos de dicha especie.

Ello me hace reflexionar lo siguiente: *Cada elemento o parte de una unidad mayor debe también identificarse como una unidad o totalidad menor y, por ello, tiene que disfrutar de un nivel de independencia suficiente para poder ejecutar las funciones necesarias dedicadas, o dirigidas, a su propia supervivencia, pero también debe comportarse con un nivel mínimo de cooperación para cumplir sus funciones como parte de la totalidad mayor.*

Por ejemplo, cada célula de un organismo debe atender a sus propias necesidades y funciones para mantenerse con vida, y colaborar con las demás células para mantener vivo el organismo mayor al que pertenece. Pero ¿y si una de ellas no funciona adecuadamente, al no ser capaz de recibir los nutrientes que precisa de su entorno o, por error, al acapararlos en demasía impidiendo que algunas de sus células vecinas puedan mantener sus propias autonomías y totalidades? Obviamente, en ese caso, el organismo o totalidad mayor no disfrutaría de buena salud, repercutiendo este hecho, finalmente, sobre el estado individual de todas las células, es decir, de los elementos individuales (totalidades menores) que lo componen. Al final, todos los seres vivos y sus componentes están interconectados y, aunque sus consciencias individuales puedan no percibirlo (debido a que su estado se encuentre en un menor nivel jerárquico), son siempre interdependientes.[8]

En último término, todo está fundamentalmente interconectado en el Universo. Los hinduistas denominan como "Brahman" al gran hilo conector en la telaraña del cosmos, y los budistas tántricos llaman a sus escrituras sagradas "tantras" -cuya raíz en el idioma sánscrito significa "entretejer", lo que nos recuerda de nuevo el concepto de red que interconecta todas las cosas. [9]

Existe aquí una lección que aprender, que supone un aspecto importante del actual cambio de paradigma en la ciencia: frente al concepto de lucha competitiva por la supervivencia, los últimos descubrimientos en biología evolutiva demuestran que *la vida es más la consecuencia de la cooperación*, y de la evolución favorecida por las sinergias entre organismos.

En esta línea se interpretan los estudios de la destacada bióloga evolucionista Lynn Margulis, sobre la circunstancia referente a que en una célula con núcleo pueden encontrarse "genes irregulares" que no están dentro del mismo: dichos genes proceden de bacterias, provenientes de distintos organismos vivos. Este descubrimiento le llevó a desarrollar la teoría de la *simbiogénesis*, describiendo las simbiosis entre organismos que dan lugar, por evolución, a nuevas formas de vida. Su teoría trata de demostrar que "la fuente principal de variación hereditaria no es la mutación aleatoria, sino que la variación importante transmitida, que conduce a la novedad evolutiva, procede de la adquisición de genomas. Conjuntos enteros de genes, e incluso organismos completos con su propio genoma, son asimilados e incorporados por otros. (...) el proceso conocido como simbiogénesis es el camino principal para la adquisición de genomas".[10]

Un ejemplo de la evolución por simbiosis es el que constituyen las mitocondrias que, encontrándose dentro de células con núcleo poseen, sin embargo, un material genético propio y un sistema de reproducción independiente. Como ocurre en otros sistemas, el fenómeno de la simbiosis, que consigue juntar organismos originalmente separados, es capaz de constituir unidades funcionalmente mayores que la suma de sus partes.

Margulis y Sagan describen lo que se conoce como recombinación del ADN: "Desde hace unos cincuenta años, los científicos han observado que los organismos procariotas transfieren, de manera rutinaria y muy deprisa, distintos fragmentos de su material de unos individuos a otros. Cualquier bacteria puede, en un momento determinado, usar genes accesorios procedentes de cepas a veces muy distintas que realizan funciones que su propio DNA puede no abarcar. Algunos de los fragmentos de material genético se recombinan con los genes propios de la célula; otros son transferidos de nuevo a otras células. Algunos de los fragmentos genéticos pueden acabar también instalándose en el aparato genético de las células eucarióticas".[11]

Respecto al genoma, se tiende a pensar que consiste en una mera secuencia lineal ordenada de genes independientes que corresponden a rasgos biológicos separados. Sin embargo, según las últimas investigaciones, a veces un solo rasgo es producido por varios genes separados, y también existen genes que afectan a varios rasgos distintos. Algunos biólogos avanzados, como el ya mencionado anteriormente, Stuart Kauffman, han empezado a estudiar el genoma desde una perspectiva sistémica, prestando atención a sus características integradoras y de coordinación entre los genes. Según Kauffman, la biología evolutiva debe reformularse, en cierta medida, a partir de la consideración de un genoma de tipo auto-organizador, que es capaz de adaptarse y evolucionar hacia órdenes superiores.

Mientras una parte dominante de la biología académica, férreamente adherida hasta ahora al paradigma mecanicista, denomine y considere ADN "basura" a la parte del ADN cuya función aún no ha sido capaz de averiguar, el ser humano no se encontrará en disposición de descubrir y comprender lo que solamente *una mayor humildad intelectual y el respeto por la naturaleza* pueden concederle. Es posible que una buena parte del ADN probablemente se utilice en actividades de comunicación, integración y cooperación dirigidas al desarrollo y la adaptación del organismo al que pertenece.

Simetría y campos morfogenéticos

De la misma forma que se vislumbra un nuevo progreso en el campo de la biología evolutiva, conocer el funcionamiento de los seres vivos como sistemas autoorganizados alejados del equilibrio nos puede permitir una mejor comprensión del proceso de la morfogénesis.

Recordemos, del primer capítulo de este libro, el papel que jugaba la simetría o, mejor, su ruptura, en la generación de formas, según las explicaciones de D'Arcy Thompson y otros. En el entorno de la morfogénesis, una inestabilidad inicial sería el mecanismo capaz de ocasionar una ruptura de simetría, provocando las reacciones químicas necesarias y determinando la tendencia hacia una dirección concreta. En ese escenario, pequeños cambios en las condiciones iniciales influirían en las transformaciones químicas subsiguientes. Además, si la homogeneidad del entorno inicial no es completa, las asimetrías canalizarían la evolución del organismo hacia una determinada estructura.

Allí también vimos la teoría basada en la existencia de campos morfogenéticos, o generadores de forma, para explicar el desarrollo de los entes biológicos. Según el concepto de campo morfogenético propuesto por algunos embriólogos, la diferenciación de cada célula dependería de su posición en ese campo. Dicha posición sería conocida por la propia célula a partir del gradiente de una o varias sustancias características ("morfógenos"). Esos gradientes químicos serían producidos por rupturas de simetría debido a inestabilidades alejadas del equilibrio. Los gradientes proporcionarían diferente entorno químico a las células cercanas, motivando la síntesis de algunas proteínas específicas de la situación en la que dichas células se encontrasen. El estudio de la morfogénesis según esta teoría sugiere que existe una suerte de finalidad o plan que el embrión ejecuta hasta convertirse en el resultado final.

La idea de que el fenómeno de la vida no puede reducirse simplemente a las leyes de la física y la química es compartida por dos corrientes de pensamiento diferentes: la *vitalista* y la *organicista*. Según los vitalistas, existe alguna fuerza, campo o entidad no física que se suma a las leyes físicas y químicas. Este enfoque podemos relacionarlo con la teoría basada en los campos morfogenéticos. Por otro lado, para explicar el desarrollo de los organismos vivos según el pensamiento organicista, a las leyes físico-químicas hay que añadir la existencia de una serie de "relaciones organizadoras" como las que poseen los sistemas que se autorregulan.[12]

Vida y Modelos de organización

En los dos enfoques, el vitalista y el organicista, para poder comprender la naturaleza de lo que son los organismos vivos, resulta útil tener en cuenta el concepto de lo que los biólogos chilenos Humberto R. Maturana y Francisco J. Varela llamaron un "modelo de organización". Para estos investigadores, el modelo de organización de un sistema es la configuración de las relaciones entre los componentes del sistema. El conjunto lógico-teórico de interrelaciones que constituye dicho modelo o patrón consigue materializarse al conseguir determinar la forma de construir la estructura físico-química de dicho sistema.

Es decir, para Maturana y Varela, en un sistema biológico, los modelos de organización asociados a las relaciones comunicativas y de control, inherentes a los bucles de retroalimentación autorreguladora, determinan la estructura física del propio sistema. La estructura es una realización práctica de su organización: "En tanto es la organización lo que define la identidad de clase de un sistema, y es la estructura lo que lo realiza como un caso particular de la clase que su organización define, los sistemas existen solamente en la dinámica de realización de su organización en una estructura".[13]

La comprensión de la naturaleza de la vida desde el modelo de pensamiento sistémico precisa, pues, la introducción del concepto *modelo de organización del sistema*. Cada tipo de modelo se identificaría mediante un esquema de la configuración de sus relaciones internas. De esta manera, las propiedades que emergen de la configuración de relaciones ordenadas en el sistema, y que nos permiten decir que dicho sistema es más que la suma de sus partes, en realidad serían las propiedades de su modelo de organización.

Así mismo, desde una interpretación estrictamente organicista, el surgimiento del modelo o patrón que caracteriza a un sistema vivo sería un proceso emergente generado por la interacción de diversas variables, respondiendo a modelos matemáticos de naturaleza no lineal, que aún no se encontraban desarrollados cuando se formuló la Teoría General de Sistemas, pero que hoy en día pueden empezar a analizarse mediante ordenadores. Desde un punto de vista menos estricto, debido a que el modelo de organización pertenece, obviamente, a un nivel jerárquico superior al de los componentes del sistema, no puede definirse mediante las mismas reglas que ellos, y no se consideraría emergente, en principio, aunque sí podría estar sujeto a evolución. Lo que sí es evidente es la superación consumada del paradigma mecanicista; en un ser vivo existe algo más que las moléculas y átomos de los que está hecho: el modelo de organización que dirige su forma y su funcionamiento.

Autopoiesis

Como ya hemos dejado establecido anteriormente, en los seres vivos es continuo el intercambio de materia y energía con su entorno exterior, lo cual les caracteriza como sistemas abiertos. Pero la constante interacción de un organismo vivo con su entorno no es la causa de su auto-organización. Al contrario, el propio sistema la dirige con su comportamiento, estableciendo su tendencia al orden, de manera autónoma, mediante un modelo o patrón propio: los seres vivos son sistemas cerrados en lo referente a su organización.

Maturana y Varela trabajaron en un desarrollo más completo y formal del concepto de organización circular en los sistemas vivos, y acuñaron el término *autopoiesis* para definir el modelo general de organización que, según ellos, puede encontrarse en todos los sistemas vivos y, según el cual, la aportación de cada componente (de la red que integra el sistema) consiste en participar, o ayudar, en la producción o en la transformación de otros componentes, de manera que el sistema se encuentra continuamente produciéndose a sí mismo, al mantener su propia organización: "Una máquina autopoiética continuamente especifica y produce su propia organización a través de la producción de sus propios componentes, bajo condiciones de continua perturbación y compensación de esas perturbaciones (...) una máquina autopoiética es un sistema homeostático que tiene a *su propia organización* como la variable que mantiene constante".[14] Y: "Es trivialmente obvio que, si son máquinas, los sistemas vivos son máquinas autopoiéticas: transforman la materia en ellos mismos (...) Consideramos también verdadera la afirmación inversa: si un sistema es autopoiético, es viviente. En otras palabras, sostenemos que *la noción de autopoiesis es necesaria y suficiente para caracterizar la organización de los sistemas vivos".*[15]

Es decir, según Maturana y Varela, un ser vivo es un sistema cuyos componentes están interconectados entre sí y dependen unos de otros, es autopoiético porque su estructura experimenta cambios que le permiten auto-renovarse constantemente, mientras permanece constante el modelo o patrón que le confiere su identidad.

Como respuesta a los estímulos procedentes de las perturbaciones que ocurren en el exterior, un sistema autopoiético tiene la capacidad de reaccionar, mediante una serie de procesos u operaciones que están continuamente creando, destruyendo o transformando sus propios elementos constituyentes, a pesar de lo cual, aunque el sistema se mantenga en desequilibrio debido a sus permanentes cambios estructurales, consigue durante toda su existencia mantener su identidad con relación al entorno, absorbiendo energía de éste permanentemente. De esta forma, los sistemas autopoiéticos son autónomos y, aunque están abiertos a su medio (al intercambiar materia o energía), desde el punto de vista funcional pueden considerarse sistemas cerrados que se autorregulan continuamente. Así que la organización autopoiética de un sistema vivo incluye el establecimiento de límites que permiten identificar al sistema como una unidad, y que señalan las fronteras dentro de las cuales tienen lugar las operaciones de su red interna.

La bióloga estadounidense Lynn Margulis extiende el concepto de autopoiesis al aplicarlo a la Tierra como totalidad-unidad, debido a que, yendo al extremo, toda la vida del planeta está soportada sobre una base que está formada por múltiples redes bacterianas autoorganizadas: "Apenas se duda de que la pátina del planeta, incluyéndonos a nosotros, sea autopoyética. La vida en la superficie de la Tierra parece regularse a sí misma cuando se enfrenta a perturbaciones externas, y lo hace sin tener en cuenta los individuos y las especies que la componen".[16]

Las redes autopoiéticas son estructuras disipativas (pero no todas las estructuras disipativas son redes autopoiéticas) y, como tales, debido a las influencias de su entorno, en los organismos se producen modificaciones estructurales que afectan a su comportamiento futuro. Maturana declara que el comportamiento de los sistemas vivientes está "estructuralmente determinado", es decir, que está determinado por la propia sucesión de modificaciones estructurales individuales. De alguna forma, podría considerarse un proceso de adaptación o aprendizaje. Eso no quiere decir que sea predecible el comportamiento del sistema; la estructura solamente lo condiciona de algún modo, igual que es capaz de restringir las futuras modificaciones estructurales que pueden desencadenarse. Como ocurre en todas las estructuras disipativas, la estructura de un organismo depende en cada momento de sus precedentes cambios estructurales: "como científicos, sólo podemos tratar con unidades *determinadas estructuralmente*. Esto es: sólo podemos tratar con sistemas en los cuales todos sus cambios están determinados por su estructura, cualquiera que ésta sea, y en los cuales estos cambios estructurales se dan como resultado de su propia dinámica o desencadenados por sus interacciones".[17]

Es decir, cuando el sistema llega a un punto de bifurcación, su historia estructural permite solamente un conjunto limitado de posibles nuevas estructuras. Así, los organismos vivos están determinados por la secuencia de sus cambios estructurales, además de estarlo por su modelo de organización, que define sus características generales e innatas.

Vida y cognición

Pero no todas las perturbaciones externas pueden provocar cambios estructurales. Como respuesta a algunos estímulos o perturbaciones de su inmediato entorno, los componentes de los sistemas vivos pueden transformarse y reemplazarse por otros, con cierta flexibilidad debido a su múltiple interconexión. Para que un ser vivo o, en general, una red autopoiética, pueda mantener su organización interna es preciso que exista una continua regeneración: los organismos renuevan sus células, y las células eliminan los productos de desecho, y sintetizan diferentes sustancias necesarias para la supervivencia.

Según la opinión de Maturana, la vida es un proceso de cognición, porque dicha cognición es lo que permite la autogeneración y la autoperpetuación de un sistema autopoiético que, a pesar de sufrir continuos cambios estructurales debido a la adaptación a su entorno, es capaz de preservar su modelo de organización. Algunos cambios estructurales del sistema pueden consistir en reajustes o modificaciones de los circuitos de conectividad internos. El sistema es autónomo, en el sentido de que dirige sus propios cambios estructurales y que selecciona el tipo de perturbaciones externas que los pueden desencadenar. Por esa razón pueden calificarse como “cognitivas” las interacciones de los sistemas vivos con su entorno.

También para el físico F. Capra la autopoiesis está íntimamente relacionada con la cognición: “En la teoría emergente de los sistemas vivos, los procesos vitales -la continua corporeización de un patrón autopoiésico de organización en una estructura disipativa- son identificados con la cognición, el proceso de conocer. (...) De acuerdo con la teoría de los sistemas vivos, la mente no es una cosa, sino un proceso: el proceso mismo de la vida. En otras palabras, la actividad organizadora de los sistemas vivos, a todos los niveles de vida, es una actividad mental. Las interacciones de un organismo vivo -planta, animal o humano- con su entorno son interacciones cognitivas, mentales. Así, vida y cognición quedan inseparablemente vinculadas”.[18]

Una posible consecuencia de la teoría propuesta por Maturana y Varela sobre la cognición es, pues, que cada sistema vivo, por muy primitivo que sea, dispondría de una especie de "conciencia o mente" primaria, en parte procedente del proceso de cognición operante a través de la estructura disipativa del organismo como totalidad. Dicha idea, encuadrada en un organicismo extremo, puede conducir al reduccionismo, en el sentido de considerar cualquier tipo de consciencia como epifenómeno y, quizá clasificar al ser humano como un mero eslabón jerárquico en una gran estructura de autorregulación mecánica, que sería la naturaleza. En ese caso, *correríamos el riesgo de valorar más el concepto mecanicista de dicha totalidad que ninguna otra cosa, y olvidarnos de quienes somos, del verdadero valor de la conciencia humana que, en realidad, es la que nos permite reflexionar sobre todo esto.*

Algoritmos genéticos

Se han realizado intentos de reproducir, de manera artificial, comportamientos que en la naturaleza son conscientes. Existen reglas matemáticas abstractas cuya aplicación, en programas informáticos, es capaz de definir espontáneamente pautas de comportamiento como las de algunos seres vivos. Dichas reglas pueden transmitirse, en dichos programas, mediante aprendizaje, o con operadores genéticos análogos a los que la evolución utiliza para favorecer la adaptabilidad de una especie y su eficiencia en el medio.

Los zoólogos Thiemo Krink y Fritz Vollrath han estudiado una posible evolución del sistema de reglas de la araña, empleando una técnica conocida como *algoritmo genético*.[19] Los algoritmos genéticos han sido utilizados con éxito en la resolución de complejos problemas por ordenador en los entornos académico o industrial, y en el análisis de los mercados bancarios. Están basados en los principios de la adaptación biológica: mutación, recombinación y selección, intentando imitar el funcionamiento de la selección natural de Darwin combinando las mejores características de parejas de "rutas" aleatorias y repitiendo el proceso varias veces, haciendo "evolucionar" el sistema. Según el estudio de Krink & Vollrath, después de unas 50 "generaciones" (aplicaciones del algoritmo) se consiguen simular arañas virtuales de forma bastante efectiva. Este ejemplo nos demuestra que mediante la aplicación repetida de reglas rígidas y simples también pueden generarse algunas pautas flexibles y aparentemente complicadas de comportamiento biológico.

Comportamiento colectivo: coherencia en sistemas vivos

Los investigadores J. K. Hodgins y D. C. Brogan han conseguido diseñar ciertos algoritmos de control y los han aplicado para intentar describir la conducta de bandadas de pájaros, peces y otros animales que constituyen grupos, demostrando, según ellos, que el comportamiento en manada es una propiedad emergente derivada de determinadas reglas subyacentes.[20]

Una conclusión muy diferente fue la que obtuvieron Goodwin, Solé y Miramontes, al modelar en 1993 el comportamiento colectivo de una población de hormigas. Para su simulación utilizaron un algoritmo basado en reglas matemáticas, tanto para las hormigas individuales como para sus mutuas interacciones. Encontraron una sorprendente oscilación, de enorme coherencia, en la actividad interior del hormiguero, aunque no pudieron explicar el origen de dicha oscilación, ya que no existía ninguna periodicidad aparente en las reglas ni en sus inmediatas consecuencias y, de hecho, ninguna hormiga individual tenía una periodicidad cíclica en su actividad. Se observó una actividad emergente y colectiva, que <u>no era predecible a partir de las reglas</u>. En estudios posteriores se ha detectado el mismo tipo de oscilaciones de actividad, en hormigueros experimentales construidos por hormigas reales.

La explicación que ofrece el matemático Ian Stewart, intentando resolver esta aparente contradicción observada en los resultados de los diferentes experimentos, es que, aunque las pautas colectivas emergentes serían una mera consecuencia de las reglas, el cerebro humano no sería capaz de seguirlas con detalle, debido a que la red causal del fenómeno observado resultaría demasiado compleja para identificarla. En realidad, aún no se conoce cuál de las dos interpretaciones es la correcta.

Lo que sí está claro es la evidente *coherencia,* o coordinación, que se produce en los grupos de organismos o sistemas compuestos por varios organismos individuales que interaccionan. Si observamos la evolución de los grandes grupos de animales, resulta sorprendente el comportamiento de su unidad global, que muchas veces parece demostrar un propósito único, no compuesto por una multiplicidad de individualidades independientes, sino por una serie de elementos que conforman una unidad consciente.

Personalmente, pienso que puede aceptarse la existencia de modelos o patrones de información colectivos, capaces de organizar a los grupos de organismos. Su actuación sería similar a la de un modelo de organización de tipo individual, como el que describe Maturana, que se encarga del orden o la organización de un solo organismo (que, en realidad, también está compuesto por innumerables individualidades, como órganos, células, etc.).

El modelo o patrón de información que subyace en un sistema le confiere un orden global profundo que repercute en su propia auto-organización, y permite que se manifieste una marcada *coherencia*, observable tanto en su estructura como en su comportamiento, de forma adaptativa y resonante con aquel modelo.

La coherencia constituye una característica fundamental de cualquier organismo vivo: los seres vivos son sistemas coherentes. Pero la coherencia se manifiesta también en otros tipos muy diferentes de sistemas. Algunos *sistemas coherentes* son, como hemos visto anteriormente, los láseres o los superconductores. En el fenómeno de la morfogénesis también puede afirmarse que se observa un comportamiento coherente: la morfogénesis se manifiesta como un sistema formado por multitud de elementos cuya interacción parece obedecer a fuerzas de corto alcance, pero capaz de comportarse como un todo, como si cada elemento estuviese dirigido por una fuerza superior que le informase en cada momento del estado global.

Así, puede definirse la coherencia como una propiedad de algunos sistemas, según la cual, un conjunto de sus elementos pueden operar juntos generando, de manera espontánea y organizada, un orden global o colectivo que, a su vez, repercute en la propia especificación del sistema en cuestión. Como el sistema es un todo auto-organizado, tiene acceso a información de carácter global, lo que posibilita la actuación coordinada y precisa de sus diversas partes aparentemente distantes, necesaria para mantener su estabilidad, superando adecuadamente las perturbaciones que le afectan.

Otro ejemplo de coherencia en el comportamiento de poblaciones de insectos es el que ofrece el investigador J.L. Deneubourg: el fenómeno originado por las fluctuaciones que tienen lugar en el comportamiento de las termitas durante la construcción de sus grandes y complejos nidos. Inicialmente construyen la base, para lo cual las termitas necesitan bastante poca información, ya que únicamente transportan y depositan, aleatoriamente en apariencia, sucesivos montoncitos de tierra impregnados con una hormona que es capaz de atraer a las demás termitas. En este escenario se produce una fluctuación inicial, motivada por la mayor concentración de montones de tierra que se acumula en algunas zonas. Eso hace que en dichas regiones se incremente la concentración de la hormona y aumente la densidad de termitas, creciendo también la probabilidad de que depositen allí los montones de tierra, acabando formándose varios "pilares" separados por una determinada distancia relacionada con el alcance de la influencia de la hormona. Esos serán los pilares sobre los que las termitas acabarán después lo que resta de la construcción del edificio que constituirá su nido.

Criticidad auto-organizada

Pero los montones de tierra, ya no acumulados por termitas, han dado más juego en la ciencia de los últimos años. El físico teórico danés Per Bak y los investigadores Chao Tang y Kurt Wiesenfield definieron en 1987 el fenómeno de la *criticidad auto-organizada* (en inglés "*SOC*": Self-Organized Criticality), relacionándolo con el surgimiento de la complejidad en los acontecimientos naturales. Se trata de un fenómeno que ocurre cuando cierta clase de sistemas dinámicos, que tienen varios grados de libertad de tipo espacial, experimentan cambios en forma de avalancha y, al pasar un punto crítico, terminan evolucionando por sí mismos a un estado auto-organizado. En 1988 interpretaron su modelo tomando como ejemplo, o paradigma, la dinámica subyacente en la formación de un montón de arena para representar un sistema complejo.

En el ejemplo que utilizaron, se va formando un montón de arena dejando caer granos uno a uno, al azar, sobre una superficie plana. Según van cayendo los granos de arena, éstos permanecen muy próximos al lugar en el que aterrizan. Al principio, el montón de arena es más o menos plano pero, conforme transcurre el tiempo, se va formando una protuberancia, lo que provoca que los granos de arena experimenten pequeños desplazamientos respecto al punto de caída, debido a la gravedad. Llega un momento en el que la inclinación del montón así edificado es tan grande que la caída de un solo grano de arena puede producir un deslizamiento o avalancha de muchos granos a lo largo del montón. Desde ese momento la pila o montón se considera un sistema inestable y la caída de cada grano de arena individual no puede por sí sola explicar el comportamiento global del montón. Esto es así porque, aunque existe un aparente equilibrio durante largos intervalos de tiempo en los que no sucede nada extraordinario, de vez en cuando la adición de una sola partícula produce una repentina avalancha que consigue transformar una parte significativa del sistema global.

A medida que aumentan las dimensiones del montón también crece el tamaño de las avalanchas cuando estas se producen. Así, las avalanchas son lo que caracteriza o define a la criticidad auto-organizada o *SOC*. Cuando la situación es tal que, estadísticamente, se producen avalanchas de cualquier tamaño, se considera que el sistema ha alcanzado un estado "crítico", análogo a los estados críticos que ocurren en los sistemas termodinámicos al producirse una transición de fase. En estos últimos sistemas se alcanza el punto crítico al variar el valor del parámetro de orden, que es una magnitud exterior al sistema. Sin embargo, en un sistema con criticidad auto-organizada la causa no es externa sino inherente a la dinámica interna originada por las interacciones entre los elementos del propio sistema. Es decir, el sistema es auto-organizado porque ha alcanzado dicha criticidad por sí mismo.

En dicho estado crítico, si se hace un recuento del número de avalanchas que se producen (*N*) en relación a sus correspondientes tamaños (*X*), se encuentra que puede describirse matemáticamente mediante una *Ley de Potencia* del tipo $N(X) = kX^{-Y}$.

Si sobre esa ecuación se toman logaritmos resulta $\log N(X) = \log k - Y \log X$, expresión que corresponde a una línea recta donde la pendiente es igual a $-Y$, el exponente de la ecuación original. Es decir, existe una relación lineal entre el logaritmo decimal del tamaño de las avalanchas y el logaritmo de la frecuencia de las mismas en función del tamaño.

Por ejemplo, según la expresión potencial anterior con $Y=1$ y $k=1000$, si se hiciera un recuento de los deslizamientos o avalanchas que han ocurrido durante un determinado período de tiempo, podría encontrarse que hubo aproximadamente 1000 avalanchas que deslizaron 1 grano de arena, cerca de 100 avalanchas con un tamaño de 10 granos, unas 10 avalanchas con 100 granos, etc.

Podemos calcular una expresión útil para los fenómenos descritos por una ley potencial, donde:

s = Intensidad del evento, y
$N(s)$ = Número de eventos de intensidad s.

Una expresión general para la ley potencial es: $N(s) = ks^{-\tau}$, siendo k y τ constantes.

Tomando logaritmos, se obtiene la expresión de una línea recta: $\lg N(s) = \lg k - \tau \lg s$.

Si representamos la función en escala logarítmica y consideramos dos valores consecutivos del eje de abscisas, tales que $\lg s_2 - \lg s_1 = 1$, al quitar logaritmos en esta última expresión vemos que corresponde a $\frac{s_2}{s_1} = 10$.

Del mismo modo, $\frac{s_3}{s_2} = 10$, porque $\lg s_3 - \lg s_2 = 1$ en el eje de abscisas y, tras generalizar, tenemos que $\frac{s_{n+1}}{s_1} = 10^n$.

Volviendo a la expresión inicial se tiene que, para s_{n+1} :

$$N(s_{n+1}) = k(s_1 10^n)^{-\tau}$$

que nos da de forma directa, en función de un valor de referencia s_1*, el número de eventos o casos que corresponden a una intensidad de* 10^n *veces* s_1*, siendo n un valor arbitrario a elegir.*

Y en logaritmos:

$$\lg N(s_{n+1}) = \lg k - \tau(n + \lg s_1)$$

Existe un buen número de fenómenos en los que se manifiestan las leyes de potencia, al representar, para un determinado período de tiempo, las distribuciones de frecuencia de los parámetros que los describen.[21] Al representar mediante ejes logarítmicos las distribuciones estadísticas basadas en leyes de potencia se obtiene una línea recta, indicativa de que existe *invariancia de escala*. En general, la invariancia de escala espacial y temporal se considera una característica o propiedad de los sistemas que se encuentran en un estado crítico auto-organizado. En mi opinión, *la ley de potencia indica que estos sistemas corresponden a un doble proceso estocástico (uno en la dimensión temporal y otro en la dimensión correspondiente al parámetro representado)*.

Per Bak continuó estudiando el fenómeno de la criticidad auto-organizada en la naturaleza, considerándolo como una causa de la complejidad que exhiben innumerables sistemas, que se encuentran lejos del equilibrio y en un estado crítico que predispone a eventos masivos o avalanchas de cualquier tamaño, provocados por turbulencias aparentemente inocentes en sí mismas.

Se ha aplicado este modelo en muy diversos ámbitos de estudio como la física, la evolución biológica, la economía, etc.[22] Por ejemplo, los investigadores Batty y Xieb lo han señalado útil para explicar la evolución morfológica de las ciudades, detectando además un cierto comportamiento con características fractales espacio-temporales. Una señal indicativa de la existencia de características comunes entre *SOC* y el origen de objetos fractales, es la habitual utilización de técnicas iterativas en la generación de modelos informáticos de tipo *SOC*, similares a las que se utilizan para generar fractales. Además, los patrones complejos espacio-temporales que suelen exhibir los sistemas *SOC* pueden indicar la existencia de alguna conexión o asociación con la geometría fractal. No obstante, parece claro que, si existe, dicha relación no tendría por qué ser de tipo causal.

Otra particularidad de los procesos de criticidad auto-organizada, según Bak, Tang y Wiesenfeld, es que su dinámica es similar a la de los sistemas que se manifiestan como ruido del tipo *1/f* (también denominado "ruido rosa"), debido a que su representación logarítmica tiene el mismo aspecto.

Además de la independencia de escala, de la geometría fractal asociada a la complejidad de su evolución espacio-temporal, y de su caracterización temporal de tipo estocástico como ruido *1/f*, la teoría de la criticidad auto-organizada tiene una principal característica: la independencia estadística de los eventos individuales, procedente del hecho de que, en este tipo de procesos, las interacciones sólo se producen entre elementos adyacentes.

Durante los últimos años se ha continuado investigando sobre el fenómeno *SOC*, y en los últimos estudios o resultados se muestra que varios procesos físicos, como los sistemas caóticos, la turbulencia o la percolación, a pesar de ser distintos resultan a veces difícilmente diferenciables de los procesos de criticidad auto-organizada, porque comparten buena parte de sus características.[23]

Basándose en algunas de las consideraciones anteriores, Per Bak intentó identificar la criticidad autoorganizada como el principio general que subyace a todas las manifestaciones que pueden expresarse mediante leyes de potencia, además de señalar a las grandes avalanchas de estos sistemas *SOC* como responsables de la base que permite el surgimiento de la emergencia en los sistemas auto-organizados. Sin embargo, parece claro que no es posible, al menos en el momento actual, asegurar que la criticidad auto-organizada sea el principio general capaz de explicar todos los fenómenos con los que tiene relación. Existen procesos auto-organizados con características que pueden describirse mediante una ley de potencia con invariancia de escala, y que, no obstante, no corresponden a casos de *SOC*. Es decir, todo indica que la criticidad auto-organizada es simplemente una forma más de auto-organización.

Aquí terminamos el recorrido por las diferentes teorías científicas. Creer en la veracidad excluyente de un modelo concreto no haría sino alejarnos de la verdad. Los diferentes modelos no son sino meros reflejos de la verdadera realidad.

CONCLUSIÓN

Sobre el origen de las formas en la naturaleza existen dos interpretaciones posibles desde el punto de vista filosófico: una puramente "descendente" (la vía que va de lo inteligible a lo sensible, siguiendo a Platón), según la cual podríamos concluir que Todo es producto de una naturaleza mecánica que obedece a unas matemáticas subyacentes, automáticas y generadas por la actuación del mero azar, a partir, por ejemplo, de una gran explosión. La otra interpretación, del tipo "ascendente" (que va del mundo sensible al de las Ideas), nos señalaría que Todo está incluido en una gran Mente universal, de la que formamos parte y que sólo ahora estamos empezando a vislumbrar. En mi opinión, nos encontramos en el momento histórico que, por vez primera, permite empezar a conciliar ambas tendencias.

Finalicemos con una frase del "Hannya Shingyo" o Sutra del Corazón de la Sabiduría Suprema, un texto budista que suele recitarse en los templos Zen:

Las formas no son diferentes del vacío y el vacío no es más que las formas.

APÉNDICE

La superconductividad es un fenómeno emergente cuya comprensión ha comenzado a ser posible al desarrollarse la teoría cuántica y la física de las transiciones de fase.

El concepto de temperatura, perteneciente a la física estadística, se refiere a la energía cinética media de las partículas. Cuando la temperatura disminuye, el movimiento de las partículas se vuelve más lento y eso provoca transiciones de fase, como las de líquido a sólido o de gas a líquido, estableciéndose el sistema en un estado de menor entropía, es decir, con un mayor orden interno; esto es fácil de intuir si observamos que, por ejemplo en el estado sólido, el movimiento de las partículas depende únicamente de sus vibraciones térmicas dentro de la posición que ocupan en la ya ordenada red iónica que estructura interiormente el material. Cuando un material pasa a un estado superconductor también lo hace mediante una transición de fase, y su estado final posee un orden mayor, medido en el *espacio de momentos*, representación basada en el momentum (magnitud igual al producto de la masa por la velocidad) y la energía, diferente a la representación ordinaria basada en la posición y el tiempo.

La *Teoría BCS* (llamada así porque fue desarrollada, en 1957, por los físicos Bardeen, Cooper y Schrieffer) explica que, gracias a las vibraciones térmicas de los iones, los electrones se aparean (en lugar de repelerse, que sería lo natural debido a sus cargas eléctricas del mismo signo) formando los denominados *pares de Cooper*. En este fenómeno, cada pareja de electrones, con velocidades y espines opuestos (para cumplir con el principio de exclusión de Pauli), forma una unidad cuyo tamaño se llama *longitud de coherencia*. Los pares de Cooper son bosones, partículas con espín de valor entero que pueden ocupar el mismo estado cuántico y cuyo comportamiento ya no necesita regirse mediante el principio de exclusión de Pauli. Debido a esta particularidad, los pares de Cooper tienen todos la misma energía y la misma fase, lo que les lleva a condensar en un estado cuántico colectivo de mínima energía. Así, en un superconductor de este tipo existe una función de onda cuántica macroscópica que abarca la totalidad del material y cuyas propiedades son perceptibles a escala humana.

No obstante, a pesar de la validez de la teoría BCS, existen algunos tipos de superconductores cuyo comportamiento dicha teoría no puede explicar. En una clase de superconductores, denominados *superconductores de tipo II*, existe un estado mixto (caracterizado por ser el estado que está entre dos valores críticos del campo magnético) en el que fluye el campo magnético a través de una especie de tubos, llamados "vórtices" debido al movimiento en espiral de la corriente del superconductor. Dicho estado es *una red de flujo magnético de Abrikosov* y su apariencia (a través de un microscopio de efecto túnel) es como la de un colador. El físico ruso Alexei A. Abrikosov mostró, en 1956 (antes de que pudiera comprobarse experimentalmente), que el flujo magnético que atraviesa los vórtices se encuentra cuantizado según la fórmula $\phi_0 = \frac{h}{2e}$, cuyo denominador puede interpretarse como expresión del apareamiento de los electrones en los pares de Cooper.

NOTAS

La mente de la naturaleza

[1] Llamadas así ese tipo de espirales porque la fórmula matemática que las define es la de un logaritmo. En coordenadas polares: $r = ab^{\theta}$, y tomando logaritmos: $\theta = \log_b(\frac{r}{a})$, estando el parámetro *b* relacionado con la velocidad con la que se enrolla la espiral, y *a* con su tamaño.

[2] Además de la sucesión de Fibonacci y del número áureo, existen otros aspectos matemáticos que resultan clave en la formación o desarrollo de algunas configuraciones físicas observadas en la naturaleza: en los últimos años se ha identificado un nuevo patrón geométrico que parece jugar un papel destacado: es el que corresponde a una configuración de forma toroidal. En un contexto similar, también sería interesante investigar si alguna constante universal ejerce su influencia en la geometría de la escala molecular.

[3] Un valor más exacto del ángulo áureo es 137,507764°, y el de su conjugado 222,492236°.

[4] Tres Iniciados 1995.

[5] Para poder definir la dimensión fraccionaria (no entera) de un objeto fractal se utiliza una generalización métrica del concepto de dimensión de un espacio topológico, llamada dimensión de Hausdorff.

[6] Dentro del mundo natural, entiendo que también sería posible que la sucesión áurea tuviera un papel determinado en la generación de la fractalidad, a través de una relación basada en la iteración, ya que el

número áureo puede considerarse una *singularidad* matemática que, por su condición, tiende necesariamente a manifestarse en las estructuras naturales.

[7] Recordemos que un número complejo es una expresión de la forma $a + bi$, donde a y b son números reales e i es la raíz cuadrada de (-1). Se representan en un plano mediante dos ejes coordenados, correspondiendo el eje de abscisas a la parte real (*a*) y el eje de ordenadas a la parte imaginaria (*b*), de manera que cada número complejo tiene asociado un punto del plano.

[8] El concepto de *anisotropía* proviene de la Optica Mineral, y se debe a la ordenación particular de los átomos en la red cristalina. Los minerales que cristalizan en el sistema cúbico, que tiene máxima simetría con sus átomos distribuidos uniformemente en las tres direcciones principales del espacio, son isótropos. Los pertenecientes al resto de los sistemas cristalinos (hexagonal, tetragonal, rómbico, etc.) son anisótropos, ya que la disposición de sus elementos constituyentes varía con la dirección y, por tanto, sus índices de refracción varían según la dirección en que vibre la luz que atraviesa el cristal. En el desarrollo de las plantas, las anisotropías motivan que el crecimiento no se produzca por igual en todas las direcciones.

[9] Aristóteles. Trad. Valentín García Yebra 1970, p.99.

[10] Ibídem, p.126.

[11] En la filosofía de hoy encontramos la demostración de que este es un concepto que está en plena revitalización: El prestigioso filósofo inglés Antony Flew fue un famoso defensor y promotor del ateísmo durante casi toda su vida (para lo cual siempre utilizó refinados argumentos), pero de manera sorprendente cambió de opinión a los 81 años después de haber estudiado biología suficientemente. En su libro de 2007 "*There is a God: How the World´s Most Notorious Atheist Changed his Mind*" (Versión en español: *Dios existe.* Editorial Trotta. 2012), expone que la evidencia apoya la existencia de una inteligencia creadora, y que el mero materialismo o el azar no son suficientes para explicar la complejidad del mundo. Es posible que conociera el

trabajo del investigador en bioquímica Michael Behe, que demuestra la denominada ***complejidad irreductible***, según la cual múltiples sistemas biológicos, aparentemente simples, al analizarlos en profundidad, están compuestos por varias partes coordinadas que son todas imprescindibles para el buen funcionamiento de dichos sistemas. Un ejemplo de ello es el caso del flagelo bacteriano, que se desplaza mediante un mecanismo rotatorio constituido por múltiples piezas ensambladas (unas 50 proteínas) funcionando, en su conjunto, como un motor con varias partes funcionales, todas necesarias (rotor, estator, cojinetes, engranajes,...), las cuales lo hacen irreductiblemente complejo.

[12] Mencionado en Magnus, R. *Goethe als Naturforscher,* Barth, Leipzig, 1906 / New York 1949, pag.59. Cita obtenida de Chomsky 1969, p.60.

[13] Wolpert 2010, p.26.

[14] Jacob 1977, p.1165.

[15] Stewart 1999, p.91.

[16] Schrödinger 1988, p.96.

[17] Webster & Goodwin 1996, p.231.

[18] Además de desarrollar la teoría de los campos morfogenéticos, Gurwitsch descubrió la existencia de un tipo de radiación por medio de la cual las células se comunican entre sí: los *biofotones* (Gurwitsch, A. Arch. Entw. 1923). El físico Fritz-Albert Popp los redescubrió en 1977, y ha promovido su investigación hasta la actualidad. Los biofotones son fotones de origen biológico, resultado de una quimio-luminiscencia (luz generada por una reacción química, en contraposición a "bio-luminiscencia", asociada a una reacción enzimática) de intensidad ultra-débil (del orden de 10 a 1000 fotones por cm^2 y segundo).

[19] Sheldrake 1990, p.153.

[20] En el modelo idealizado que sugirió Turing, los morfógenos son dos sustancias químicas características contenidas en un embrión. Dentro de cada célula, esas dos sustancias reaccionan entre sí y, debido a dicha interacción química, sus concentraciones cambian y los morfógenos se desplazan o difunden hacia las células adyacentes, con sus correspondientes coeficientes de difusión, desde las regiones de mayor concentración a las de menor concentración, proporcionalmente al gradiente de esta.

[21] Kant 2011, pp.304-306.

ORGANIZACIÓN Y COMPLEJIDAD

[1] Laszlo 2009, p.73. (E. Laszlo es así mismo autor de la Teoría del Cambio Global, postulada en su libro *You Can Change the World,* según la cual existe actualmente una crisis mundial que podría evolucionar de dos formas diferentes: una de ellas basada en la forma de un "desmoronamiento global" centrado en la creciente desigualdad económica y una nueva carrera armamentista, y la otra opción sería lo que él llama una "brecha global" conducida por organizaciones internacionales no gubernamentales, unidas mediante Internet, con el fin de asegurar un futuro desarrollo sustentable. Según Laszlo, el período entre los años 2012 y 2020 es crítico para que, bajo el liderato de los propios ciudadanos, se ejecute la transformación que conseguirá desviar el curso del cambio desde el "desmoronamiento global" hacia la "brecha global")

[2] Anderson 1972, p.393.

[3] El término "paradigma" fue adoptado por el filósofo de la ciencia Thomas S. Kuhn en *The Structure of Scientific Revolutions* (Chicago: University of Chicago Press, 1962) [En español: *La estructura de las revoluciones científicas*, Fondo de Cultura Económica, 1975], para referirse al marco o perspectiva bajo el que se analizan los problemas según las realizaciones científicas universalmente reconocidas, que en

ese momento proporcionan modelos de soluciones en una determinada comunidad científica; es decir, al conjunto de prácticas que definen, durante un período específico, a una disciplina científica.

[4] Morin 2001, p.129.

[5] Morin 1994, pp.105-107.

[6] El término "termodinámica" fue introducido en 1854 por William Thomson (Lord Kelvin), para sustituir el nombre original de esta disciplina, que era "teoría mecánica del calor".

[7] En base a dicha irreversibilidad se define un "vector de tiempo". Se suele decir que la segunda ley de la termodinámica introdujo la "flecha del tiempo" en física, porque la física clásica se basaba en la reversibilidad de los comportamientos elementales.

En termodinámica, se considera que un proceso es reversible cuando puede invertir su sentido ante un cambio infinitesimal de las condiciones externas, pudiendo pasar de un estado al anterior inmediato; si no puede invertirlo, es irreversible. Las transformaciones termodinámicas reversibles son procesos ideales que consisten en una sucesión de estados muy cercanos al equilibrio. En realidad todos los procesos reales son irreversibles, pero con buena aproximación pueden considerarse reversibles cuando son pequeñas las derivadas temporales de la Presión y el Volumen (es decir, cuando hay grandes cambios de presión y volumen que ocurren muy lentamente, o cuando los cambios de presión y volumen son muy pequeños aunque sean rápidos). (Torzo,G.; Delfitto,G.; Pecori,B.; Scatturin,P. *A new microcomputer-based laboratory version of the Rüchardt experiment for measuring the ratio* $\gamma = Cp/CV$ *in air*, Am. J. Phys. 69, 11, November 2001)

[8] El término "entropía", propuesto por Clausius para designar la función de estado que poseen todos los sistemas termodinámicos, procede de una palabra de origen griego que significa "giro" o "transformación". El incremento de la entropía (*S*), en un proceso cíclico reversible depende solamente de los estados inicial (1) y final

(2). Su variación en el sistema depende de la cantidad de calor (Q) intercambiado con el medio, cuando la temperatura (T) es constante:

$$\Delta S = S_2 - S_1 = \frac{Q_2 - Q_1}{T}$$

[9] En su teoría cinética de los gases, Boltzmann estableció un vínculo entre el concepto de orden y el de entropía, definiendo, con la siguiente fórmula logarítmica, la relación entre entropía (S) y probabilidad: $S = k \ln W$ donde k = 1.3806504 × 10−23 J K-1 es la constante de Boltzmann y ln$W$ es el logaritmo neperiano del número de los posibles microestados que corresponden al estado termodinámico del sistema.

Para su obtención, Boltzmann se basó en un gas ideal de N partículas idénticas cuyas condiciones varían entre todas las condiciones moleculares posibles. Lo explicó diseñando un interesante experimento mental cuyo razonamiento se basa en lo siguiente: Calculemos el número de combinaciones o formas posibles de distribuir, por ejemplo, ocho moléculas identificables y numeradas (como si fueran, por ejemplo, bolas de billar) en una caja que está dividida en dos compartimentos iguales (mediante una partición central imaginaria). Si ponemos todas las partículas en el lado izquierdo, sólo existe una forma de hacerlo (1 caso posible); si se ponen siete a la izquierda y una a la derecha, al ser las partículas distinguibles entre sí, existen 8 casos o formas posibles de hacerlo. De un modo similar, se puede calcular que hay 28 distribuciones distintas para el caso de colocar 6 partículas en la izquierda y 2 a la derecha.

La fórmula general para calcular el número de diferentes posibilidades en este tipo de casos es la de las Combinaciones de N elementos tomados de N_1 en N_1: $\frac{N!}{N_1!(N-N_1)!}$ siendo N el número total de partículas, estando N_1 en un lado y $N_2=N-N_1$ en el otro.

En el caso del ejemplo que presentó Boltzmann, $N=(N_1+N_2)=8$. Al probar diferentes valores para N_1 y N_2 se demuestra que el número de posibilidades aumenta según disminuye la diferencia entre el número de las moléculas de ambos lados, alcanzando un máximo de 70 combinaciones para un número igual de partículas, cuando hay cuatro a cada lado.

Boltzmann denominaba "complexiones" a las combinaciones, y las relacionó con el concepto de orden: a mayor número de complexiones, más bajo es el nivel de orden. La primera situación del ejemplo, con todas las partículas agrupadas en un mismo lado, presenta el máximo nivel de orden, mientras que la distribución en la que hay cuatro partículas en cada lado, presenta el máximo nivel de desorden. A mayor número de complexiones, existe una mayor probabilidad de que el gas se encuentre en ese estado (hay más formas posibles de distribución de las moléculas), y mayor será el nivel de desorden. Boltzmann identificó el movimiento de orden a desorden como un movimiento de estado improbable a estado probable y, al relacionar número de complexiones con desorden y entropía, concluyó que la entropía podía definirse en términos de probabilidades. *(Citado en Capra 2009, p.199-200)*

[10] La *termodinámica de los procesos irreversibles* es, en ocasiones, denominada "teoría termodinámica de los sistemas abiertos".

[11] Bertalanffy 1989, p.33.

[12] Wiener 1985.

[13] Ashby 1957, p.4.

[14] Relacionado con el concepto de orden se encuentra el de *información,* que tiene su origen en la *Teoría Matemática de la Comunicación* que el matemático Claude Shannon y el biólogo Warren Weaver publicaron en 1949, introduciendo una forma novedosa de entender la entropía midiendo, mediante *bits,* la cantidad de información contenida en los sistemas.

[15] Los autómatas celulares, que tienen un amplio desarrollo hoy en día, fueron introducidos inicialmente por John Von Neumann en: (*Theory of Self-Reproducing Automata*, edited and completed by A.W.Burks. University of Illinois Press, 1966).

[16] Un ciclo límite es una trayectoria cerrada aislada en el espacio de fases, hacia la cual todas las demás trayectorias, desde el interior o desde el exterior, se enrollan espiralmente.

[17] El modelo simplificado que utilizó Lorenz para estudiar la convección en la atmósfera se basó en el Efecto Bénard (fenómeno de convección térmica que ocurre al calentar por debajo una capa horizontal de líquido viscoso), que se describe en el capítulo 3 de este libro. El sistema de ecuaciones que obtuvo Lorenz es el siguiente:

$$\frac{dx}{dt} = -\sigma x + \sigma y$$

$$\frac{dy}{dt} = rx - y - xz$$

$$\frac{dz}{dt} = -bz + xy$$

siendo b un parámetro geométrico, r el número de Rayleigh (parámetro adimensional asociado a la transferencia de calor dentro de un fluido) normalizado respecto a un valor crítico, y σ el número de Prandtl (parámetro adimensional que depende del tipo de fluido, igual al cociente entre viscosidad y difusividad térmica, y que permite asemejar los procesos térmicos que tienen lugar en gases y en líquidos). (Fuente: Danílov 2006)

[18] Los valores de los parámetros que dan lugar en el espacio de fases al atractor de Lorenz son $b = 8/3$, $r = 28$ y $\sigma \in [1,10]$. (Datos obtenidos de Danílov 2006)

[19] La forma del atractor de Lorenz se asemeja a la de una mariposa, lo cual inspiró el popular nombre de "efecto mariposa", tan utilizado en la Teoría del Caos.

[20] Aunque fue Henri Poincaré, en su trabajo de 1890 sobre la estabilidad del sistema solar, el primero que consideró la posibilidad de que un fenómeno caótico afectase a un sistema determinista. (Poincaré, H.J. *Sur le problème des trois corps et les équations de la dynamique*. Acta Mathematica, 13, 1–270, 1890)

[21] Incluso existe actualmente una nueva forma de practicar la ciencia, procedente de la nueva comprensión de la naturaleza basada en la teoría del caos: se denomina "ciencia posnormal", y sus nociones han surgido del pensamiento de dos filósofos de la ciencia: Silvio Funtowicz y Jerry Ravetz (Funtowicz and Ravetz, *Science for the Post-Normal Age*, *Futures,* 25/7 September 1993, pp. 739-755).

[22] Además, últimamente la aplicación logística tiene un nuevo interés matemático, ya que se ha comprobado que, si se le aplica una transformación cuadrática, tiene cierta conexión con el conjunto de Mandelbrot, lo que podría demostrar un nexo real entre la transición al caos y los fractales.

[23] Como hemos visto, la sensibilidad a las condiciones iniciales es una de las propiedades que caracterizan a un sistema caótico. Para medirla de manera cuantitativa se utiliza el método del *exponente de Liapunov* que, partiendo de dos puntos vecinos inicialmente, calcula el grado de separación exponencial que tendrán en un futuro distante.

[24] Según el físico L. A. Sheliepin, además de las cascadas de Feigenbaum, existen otras formas de transición al caos: una de ellas consiste en los *fenómenos de intermitencia*, que ocurren en algunos sistemas cuando se alternan largos períodos de movimiento ordenado con destellos de desorden, y otra más es la que se produce mediante el *régimen cuasi-periódico*, en el que hay dos o más frecuencias independientes que se entrelazan.

[25] Estas constantes se manifiestan en todas las funciones $f(x)$ que son tres veces derivables y no tienen máximos relativos, con independencia de su forma.

[26] El nombre de "bifurcación" fue introducido por primera vez por Henri Poincaré en 1885 en *Les figures equilibrium*, Acta Math., 7, pp. 259–302.

[27] Los fundamentos de la Teoría de Singularidades fueron establecidos por el matemático norteamericano H. Whitney en 1955.

Los contornos de la mayoría de los cuerpos a nuestro alrededor son superficies suaves. Una aplicación suave consiste en hacer corresponder a cada punto de una superficie un punto en un plano, mediante una proyección de aquella sobre éste último. En las aplicaciones pueden surgir singularidades. Por ejemplo, si se proyecta una esfera sobre un plano, en este último podrá verse una circunferencia, de manera que cualquier punto del círculo que ella delimita tiene en realidad dos pre-imágenes correspondientes a dos puntos distintos de la superficie de la esfera; sin embargo, los puntos de la circunferencia propiamente dicha son singulares, representan pliegues, debido a que en cada uno de ellos dos pre-imágenes se fusionan en una. Es decir, la proyección de la esfera en el plano representa una esfera "aplastada" y, por consiguiente, plegada por el borde exterior, en el cual se encuentran los puntos singulares.

[28] La Teoría de catástrofes estudia los sistemas dinámicos que se describen con ecuaciones del tipo $\frac{dx_i}{dt} = f_i(x_i, c_\beta)$, siendo x_i las variables del sistema y c_β el conjunto de los parámetros de control. Dentro de ella, la teoría *elemental* de las catástrofes investiga un caso particular, considerando la existencia de una función potencial, en la que observar variaciones en el estado de equilibrio al cambiar los valores de los parámetros de control. La apariencia de dicha función potencial es la de un mapa de relieve, con valles, laderas y cimas, donde los mínimos son atractores. En la cercanía de algunas fronteras de transición se encuentran puntos singulares donde ocurren cambios bruscos denominados catástrofes.

[29] Al clasificar las singularidades de las funciones potenciales, para una o dos variables y un número de parámetros menor o igual a cinco, Thom encontró siete tipos de singularidades (o catástrofes) elementales: Pliegue, Cúspide, Mariposa, Cola de Milano, Elíptica, Hiperbólica, y Parabólica. Por ejemplo, la tipo "pliegue" se obtiene con una sola variable de estado y un solo parámetro, y es una superficie parecida a un pliegue en una tela; otra es la catástrofe tipo "cúspide", dependiente de una variable y de 2 parámetros de control. Hoy en día se han identificado algunos tipos más, además de esos

siete: (Abraham, Ralph H. & Shaw, Christopher D. *Dynamics. The geometry of behavior.* 4th Edition. Aerial Press. California. 2005).

AUTOORGANIZACIÓN Y ESTRUCTURAS DISIPATIVAS

[1] En realidad, todo sistema debería considerarse abierto, debido a la posibilidad de que existan inestabilidades, aunque las influencias sean pequeñas.

[2] Según el físico L. A. Sheliepin, existen varios estados de este tipo: Una posibilidad es que se encuentre cerca del equilibrio, donde el aumento de la entropía es más lento que en otros estados. También puede tratarse de estados inestables o "condicionalmente estables" (inestables ante influencias grandes y estables ante influencias pequeñas).

[3] Haken 1983.

[4] Schrödinger Op.cit., p.114.

[5] La transmisión de calor por conducción se basa en el contacto directo entre cuerpos que tienen diferente temperatura. No existiendo intercambio de materia entre ellos, el calor fluye del cuerpo que está a mayor temperatura al cuerpo que se encuentra más frío. Cada tipo de material tiene una capacidad diferente para conducir el calor (según su estructura microscópica), que se cuantifica mediante la conductividad térmica (propiedad contraria a la de resistividad).

[6] La transmisión de calor por convección térmica es característico de materiales fluidos que se mueven como consecuencia de sus diferencias de densidad procedentes de un gradiente de temperaturas. Por ejemplo, la zona convectiva existente en el Sol es una capa esférica con 105 km. de espesor, que consiste en una gigantesca estructura formada por este tipo de celdas. La convección

transporta hacia la atmósfera del sol la energía que se libera en las reacciones termonucleares del interior.

[7] Prigogine 2002, p.181.

[8] Ibidem, p.199.

[9] Ibid., p.216.

[10] Ibid., p.194.

[11] El láser tiene una alta coherencia de tipo espacial, que se da cuando dos puntos distintos pertenecientes a una sección transversal de un haz luminoso tienen una relación de fase definida o constante, de tal modo que sería posible predecir el valor instantáneo del campo eléctrico en uno de los puntos conociendo el valor del otro. La coherencia temporal también existe en el caso del láser, debido a que los haces de luz que produce son prácticamente monocromáticos.

[12] Recordemos que, dentro de un átomo, un electrón puede cambiar su estado energético de dos formas:
1.-Pasando a una órbita de energía superior, exterior a la que se encuentra inicialmente, al absorber la energía que le proporciona un fotón luminoso de la frecuencia adecuada.
2.-Cayendo a una órbita interior de menor energía, al emitir un fotón de una frecuencia acorde con la diferencia de energía existente entre los dos niveles asociados a las órbitas inicial y final, según la ecuación de Max Planck $E = hf$. Esto es lo que sucede cuando se excita un electrón enviándolo a una órbita superior a la suya; el electrón tiende a caer de nuevo al nivel inferior, emitiendo un fotón tras un cierto tiempo denominado *vida media,* asociado a dicho estado energético. Este proceso es conocido como *emisión espontánea.*

[13] En el láser se utiliza de forma intencionada un mecanismo llamado *emisión estimulada o inducida*, basado en la siguiente propiedad de los átomos: Cuando un electrón que se encuentra en el estado excitado recibe un fotón de la misma frecuencia que el fotón que emitiría si cayese al nivel inferior, entonces dicho electrón baja de inmediato a

ese nivel energético (sin esperar el tiempo de vida medio), emitiendo los dos fotones, el recibido y el generado, poseyendo los dos un alto grado de coherencia entre sí.

14 Según L. A. Sheliepin, el parámetro de orden también permite realizar una generalización de la cinética de los procesos que tienen lugar durante las transiciones de fase. Matemáticamente se efectúa identificando las funciones termodinámicas, correspondientes a los parámetros de orden, con hipotéticas partículas brownianas, y se utilizan las ecuaciones correspondientes al análisis del movimiento browniano, añadiendo un término no lineal y otro para incluir el campo o fuerza exterior.

15 Existe una disciplina que se encarga del estudio de los modelos de crecimiento conjunto de poblaciones de plantas y/o animales: se trata de la *Dinámica de Poblaciones*. Según ella, hay 2 formas básicas de evolución de las poblaciones animales: 1-La población puede permanecer en un estado estacionario, manteniéndose el mismo nivel en cada generación. 2-El nivel de población cambia de forma cíclica, repitiendo periódicamente un valor bajo y otro alto. En este caso la evolución de una población puede modelarse de forma matemática mediante una ecuación diferencial.

AUTOORGANIZACIÓN EN SISTEMAS VIVOS

1 Recordemos que la reversibilidad del tiempo se aplica a los sistemas cerrados, y la irreversibilidad al resto de los sistemas, los abiertos.

2 En este contexto pueden denominarse "especies químicas" a los átomos, las moléculas, los radicales libres o los iones en general, que están presentes en una reacción química.

3 Los *catalizadores* son determinadas sustancias químicas que, sin cambiar durante el proceso, son capaces de incrementar el nivel o velocidad de las reacciones químicas en las que actúan.

[4] En general, hay 3 mecanismos de regulación que garantizan la coherencia en las funciones metabólicas de los seres vivos: la *autocatálisis* (donde un producto acelera su propia síntesis), la *autoinhibición* (en la cual el producto bloquea la catálisis que su síntesis necesita) y la *catálisis cruzada* (en la que dos productos de diferentes reacciones activan la síntesis el uno del otro).

[5] Kauffman 2003, p.109.

[6] Ibidem, p.176.

[7] Capra 2009, pp. 193-194.

[8] La idea basada en totalidades/partes anidadas procede del concepto de holón, introducido por A. Koestler en 1967.

[9] Capra 1984, p.158.

[10] Margulis & Sagan 2003, p.36.

[11] Margulis & Sagan 1995, p.50.

[12] Capra 2009, p.45

[13] Maturana & Varela 1994, pp.19-20.

[14] Maturana & Varela Op. cit., p.69.

[15] Ibidem, p.73.

[16] Margulis & Sagan Op.cit., p.84.

[17] Maturana & Varela 2003, p.64.

[18] Capra Op. cit., p.185.

[19] Conviene recordar que un algoritmo consiste en la secuencia de pasos necesarios para resolver un problema o realizar un cálculo

informático, de forma que el cálculo se detiene cuando se alcanza la respuesta.

[20] En este sentido, durante los últimos años se ha estudiado también la conducta que suelen exhibir las multitudes humanas, habiendo podido comprobarse que, a partir de individuos obedeciendo reglas simples, a mayor escala se generan pautas complejas. Simplificando, dentro de una multitud cada individuo no conoce el movimiento global de la multitud y únicamente persigue dos simples objetivos: permanecer lo más lejos posible del espacio personal de los otros y dar pasos en la dirección aproximadamente correcta para acercarse a su meta. Según G. Keith Still, lo que explica la dinámica de las multitudes no es la psicología humana, sino las pautas provocadas por el movimiento y la interacción de los individuos con la geometría del espacio que les rodea. Still ha creado un programa informático de simulación llamado "Legión", que demuestra que la geometría del edificio es un factor más importante que las reglas del movimiento individual, observándose la independencia de la dinámica del movimiento colectivo frente a los cambios en el comportamiento de los individuos, a pesar de que el movimiento de estos últimos es irregular e impredecible. (Still, G. Keith. *The Secret Life of crowds.* Focus, June 1996)

[21] El primero en describir este efecto fue el lingüista norteamericano George K. Zipf. Analizando varias obras literarias del idioma inglés, estableció un orden de ocurrencia de las palabras escritas, observando que, al representar logarítmicamente la posición o rango de cada palabra frente a su frecuencia de uso, se obtenía una ley potencial. Así mismo encontró una ley potencial al representar los datos que recopiló referentes a la población de varias ciudades; concretamente, el número de habitantes y la posición de la ciudad en una lista, ordenada según dicho número. Desde entonces, esta relación, que es lineal al representarla en un gráfico logarítmico, se llama ley de Zipf. (Zipf, G.K. *Human Behaviour and the Principle of Least Effort: An Introduction to Human Ecology.* Addison Wesley, Cambridge, 1949)

[22] Por ejemplo, según Bak, la relación entre la frecuencia y la magnitud de los terremotos, en la corteza terrestre de la actualidad, indica que se trata de otro proceso que se encuentra en el estado de criticidad auto-organizada. En este sentido, para realizar predicciones se suele utilizar la ley de Gutenberg-Richter, cuya gráfica obedece a una ley Potencial.

[23] La teoría de la Percolación estudia la conectividad de las redes, y estudia fenómenos como, por ejemplo, el comportamiento de un fluido cuando se filtra a través de un medio poroso, o incluso la propagación de incendios forestales. Para ello se considera un retículo infinito en un plano, donde se define el parámetro p que representa el valor de la conectividad media (probabilidad de que una posición cualquiera de la red esté conectada), de manera que cuando $p=1$ el sistema está totalmente conectado y cuando $p=0$ todas las unidades están desconectadas unas de otras. En esas condiciones existe un umbral de percolación, correspondiente a un valor crítico p_c , en el que se produce una transición de fase, ya que constituye el límite a partir del cual el sistema pasa de estar desconectado a disponer de un camino que puede conectar la red de un extremo al otro sin interrupción.

REFERENCIAS Y BIBLIOGRAFÍA

Anderson, P.W. *More is different. Broken symmetry and the nature of the hierarchical structure of science.* Science, New Series, Vol. 177, No. 4047. August 1972.

Aristóteles. *Metafísica.* Trad. de Valentín García Yebra. Editorial Gredos S.A. Madrid. 1970.

Ashby, W.R. *An introduction to cybernetics*, Second impression, Chapman & Hall Ltd, London, 1957. [Versión en español: *Introducción a la cibernética*, Ediciones Nueva Visión, Buenos Aires, 1960]

Batty, Michael and Xie, Yichun. *Self-organized criticality and urban development*, Discrete Dynamics in Nature and Society, vol. 3, no. 2-3, 1999, pp. 109-124.

Bak, Per. *How Nature Works: The Science of Self-Organized Criticality*; New York: Copernicus. 1996.

Bak, Per; Tang, Chao; and Wiesenfeld, Kurt. *Self-organized criticality: an explanation of 1/f noise.* Physical Review Letters, Vol. 59, 1987, pp. 381–384.

Bak, Per; Tang, Chao; and Wiesenfeld, Kurt. *Self-Organized criticality.* Physical Review Letters, Volume 38, Number 1, July 1988, pp. 364-374.

Behe, Michael J. *La caja negra de Darwin: el reto de la bioquímica a la Evolución.* Editorial Andrés Bello, 2000.

Bertalanffy, Ludwig von. *Teoría General de Sistemas* - Fondo de Cultura Económica, México, 1976. Séptima reimpresión, 1989.

Bohm, David. *La Totalidad y el Orden Implicado.* Editorial Kairós. 1987.

Boltzmann, Ludwig; *Lectures on gas theory,* University of California Press, Berkeley, Cal. 1964.

Capra, Fritjof. *El Tao de la Física.* Luis Cárcamo, editor. Madrid. 1984.

Capra, Fritjof. *La trama de la vida,* Ed. Anagrama, Barcelona. 1ª edición en "Compactos": Enero 2009.

Cannon, W.B. *The Wisdom of the Body.* W. W. Norton & Company, Inc., New York, 1932. [Versión en español: *La sabiduría del cuerpo*, Ed. Séneca, 1941]

Chomsky, Noam. *Lingüística cartesiana.* Madrid, Gredos, 1969.

Danílov, I.A. *Lecciones de dinámica no-lineal. Una introducción elemental. Serie "Sinergética: del pasado al futuro".* Editorial URSS. Libros de ciencia 2006.

Deneubourg, J. *Application de I'ordre par fluctuation á la description de certaines étapes de la construction du nid chez les termites*, en Insectes Sociaux, Joumal International pour l'étude des Arthropodes sociaux, v.24, n.2, 1977.

Feigenbaum, Mitchell. *Quantitative universality for a class of nonlinear transformations*, Journal of Statistical Physics, vol. 19, no. 1, July 1978.

Flew, Antony & Varghese, Roy Abraham. *There is a God: How the World's Most Notorious Atheist Changed his Mind.* 2007.

Nueva York: Harper One. [Versión en español: *Dios existe.* Editorial Trotta. 2012]

Foerster, Heinz von. *Las semillas de la cibernética* (11 conferencias traducidas por Marcelo Pakman), Gedisa, Barcelona, 1991.

Frohlich, H. *Long Range Coherence and Energy Storage in Biological Systems*, Int. J. Quantum Chem., v.II, 1968.

Gleick, James. *Chaos: Making a New Science*. Viking Press. New York. 1987.

Haken, Hermann. *Synergetics, an Introduction: Nonequilibrium Phase Transitions and Self-Organization in Physics, Chemistry, and Biology.* Springer series in synergetics. New York: Springer-Verlag, 1983.

Haken, Hermann. *Laser Theory*. Springer-Verlag, 1983.

Hodgins, Jessica K. & Brogan, David C. *Group Behaviors for Systems with Significant Dynamics.* College of Computing Georgia Institute of Technology, in Journal Autonomous Robots, Volume 4, Issue 1, March 1997, pp.137-153.

Holland, J.H. *Genetic Algorithms*, Scientific American, July 1992, pp. 44-50. [Versión en español: *Algoritmos genéticos*, Investigación y Ciencia, septiembre de 1992]

Jacob, François. *Evolution and Tinkering*, Science, New Series, Volume 196, Issue 4295, June 1977.

Jenkins, Lyle. *Biolingüística.* Cambridge University Press. Edición española. Primera edición 2002.

Julia, Gaston Maurice. *Mémoire sur l'itération des fonctions rationnelles*. Journal de Mathématiques Pures et Appliquées, 1918.

Kant, Immanuel. *Crítica del juicio*. Editorial Tecnos (Grupo Anaya S.A.), Madrid, 2011.

Kauffman, Stuart. *Investigaciones: complejidad, autoorganización y nuevas leyes para una biología general.* Tusquets Editores. 2003.

Kauffman, Stuart. *The Origins of Order: Self-Organization and Selection in Evolution.* Oxford University Press, New York, 1993.

Kondo, A. & Asai, R. *A reaction-diffusion wave on the skin of the marine angelfish Pomacanthus*. 1995. Nature 376: pp.765-768.

Krink, T. & Vollrath, F. *Analysing Spider Web-building Behaviour with Rule-based Simulations and Genetic Algorithms*. J. theor. Biol., 185, 1997, pp. 321-331.

Kuhn, Thomas S. *La estructura de las revoluciones científicas*. Fondo de Cultura Económica de España, decimoséptima reimpresión, 1995.

Laszlo, Ervin. *El cambio cuántico*, Editorial Kairós, 2009.

Laszlo, Ervin. *You Can Change the World: The Global Citizen's Handbook for Living on Planet Eart.* A Report of the Club of Budapest, Select Books, 2003. [Versión en español: *Tu puedes cambiar el mundo: manual del ciudadano global para lograr un mundo sostenible y sin violencia*. Ediciones Nowtilus, S.L. 2004]

Levitov L.S. *Phyllotaxis of flux lattices in layered superconductors*. Physical Review Letters 66 (2): 224-227, January 1991.

Lindenmayer, Aristid. *Mathematical models for cellular interaction in development.* Journal of Theoretical Biology, 18, 1968, pp. 300-315.

Lorenz, Edward. *Deterministic non-periodic flow*, Journal of the Atmospheric Sciences, vol. 20, (1963).

Lovelock, James. *Gaia: A New Look at Life on Earth* (3rd ed.). Oxford University Press, 1979.

Mandelbrot, Benoit; Freeman, W.H. & Co. *La Geometría Fractal de la Naturaleza*. Tusquets. Metatemas . Octubre 1997.

Margulis, Lynn & Sagan, Dorion. *Captando Genomas. Una teoría sobre el origen de las especies*. Prólogo de Ernst Mayr. Editorial Kairós. Primera edición: Octubre 2003.

Margulis, Lynn & Sagan, Dorion. *Microcosmos. Cuatro mil millones de años de evolución desde nuestros ancestros microbianos*. Colección Metatemas 39, Tusquets Editores, Barcelona, 1ª ed. 1995.

Maturana, H.R. & Varela, F.J. *De Maquinas y Seres Vivos. Autopoiesis: La organización de lo vivo.* Editorial Universitaria S.A. Chile. Quinta edición, 1994.

Maturana, H. & Varela, F. *El árbol del conocimiento. Las bases biológicas del entendimiento humano*. Editorial Lumen. Buenos Aires. 2003

May, R.M. (1976). "*Simple mathematical models with very complicated dynamics*". Nature 261 (5560): 459–467.

Miller, F.P.; Vandome, A.F. & McBrewster, J. *Logistic Map*. Alphascript Publishing, 2010.

Morin, Edgar. *El Método I. La naturaleza de la naturaleza.* Ediciones Cátedra. Madrid, Sexta edición, 2001.

Morin, Edgar. *Introducción al pensamiento complejo*, Ed. Gedisa, Madrid, 1994.

Murray, James D. *Mathematical biology II: Spatial models and biomedical applications.* 3rd. ed. Springer. New York. 2003.

Osipov, A.I. *Caos y autoorganización.* Editorial Urss; libros de ciencia. 2002.

Poincaré, H.J. *Sur le problème des trois corps et les équations de la dynamique*. Acta Mathematica, 13, 1–270, 1890.

Popp, F.A.: *Coherent photon storage of biological systems.* In: Popp, F.A., Becker, G., König, H.L, Peschka, W. (Hrsg.): Electromagnetic Bio-information. Proceedings of the symposium, Marburg, 5. September 1977. Urban & Scharzenberg, München-Wien-Baltimore 1979.

Prigogine, Ilya & Stengers, Isabelle. *La nueva alianza. Metamorfosis de la ciencia*. Madrid, Alianza, Tercera reimpresión de la segunda edición en Alianza Universidad: 2002.

Shannon, Claude E. & Weaver, W. *The Mathematical Theory of Communication*. University of Illinois, 1949. [Versión en español: *Teoría matemática de la comunicación*, Ediciones Forja SA, 1981]

Sheliepin, L.A. *El fenómeno de la coherencia.* Editorial Urss; libros de ciencia. 2005.

Sheliepin, L.A. *Lejos del equilibrio: sinergética, autoorganización y teoría de catástrofes.* Editorial Urss; libros de ciencia. 2005.

Schrödinger, Erwin. *¿Qué es la vida? El aspecto físico de la célula viva.* Serie Metatemas. Tusquets Editores. 3ª edición: diciembre 1988.

Sheldrake, Rupert. *Una nueva ciencia de la vida. La hipótesis de la causación formativa.* Barcelona: Editorial Kairós, 1990. 4ª edición, Abril 2011.

Solé, R.V.; Miramontes, Octavio & Goodwin, B.C. *Oscilations and Chaos in Ant Societies.* J. theor. Biol. (1993), 161, pp. 343-357.

Stewart, Ian. *El segundo secreto de la vida.* Colección Drakontos, de editorial Crítica, Barcelona, 1999.

Thom, René. *Estabilidad estructural y morfogénesis*, Editorial Gedisa, S.A. 1.ed. 1987.

Thompson, D.W. *On Growth and Form.* (1ª ed., 1917) Dover. Reimpreso de 1942, 2ª ed. [Versión en español: *Sobre el Crecimiento y la Forma.* H. Blume Ediciones, 1980]

Tres Iniciados. *El Kybalion. Los misterios de Hermes.* Biblioteca fundamental Año Cero. Editorial América Ibérica S.A. 1995.

Turing, A.M. *The Chemical Basis of Morphogenesis.* Philosophical Transactions of the Royal Society of London. Series B, Biological Sciences, Vol. 237, No. 641. Aug. 14, 1952, pp. 37-72.

Van Essen, D.C. *A tension-based theory of morphogenesis and compact wiring in the central nervous system.* Nature. 1997; Vol. 385: pp. 313-318.

Verhulst, P.F., *Recherches mathématiques sur la loi d'accroissement de la population.* Nouveau Mémoires de l'Academie Royale des Sciences et Belles-lettres de Bruxelles XVIII: 3-38, 1845.

Webster, G. & Goodwin, B. *Form and Transformation: Generative and Relational Principles in Biology*, Cambridge University Press, 1996.

Weiss, P.A. *Principles of Development*, Henry Holt and Company, 1939.

West, G.B., Brown, J.H., & Enquist, B.J. *A general model for the origin of allometric scaling laws in biology*. Science, 276, pp.122-126. 1997.

Wiener, Norbert. *Cybernetics: Or Control and Communication in the Animal and the Machine*. Paris, (Hermann & Cie) & Camb. Mass. MIT Press, 1948, 2nd revised ed. 1961. [Versión en español: *Cibernética o El control y comunicación en animales y máquinas*, Tusquets-Metatemas, Marzo 1985]

Wolpert, Lewis et al. *Principios del desarrollo*. 3ª edición. Editorial médica panamericana, 2010.

Zeeman, E.C. *Catastrophe theory*. Selected Papers, 1972-1977. Reading, MA: Addison Wesley Publishing Co. 1977.

AGRADECIMIENTOS

Durante los últimos años del siglo XX, siendo los ochenta especialmente fecundos, surgieron una serie de obras clave que han marcado el pensamiento científico del inicio del siglo XXI. Es justo hacer mención de ellas, debido a su importancia y porque forman parte de las principales fuentes que han hecho posible la confección de esta obra.

1968 - L.V. Bertalanffy - *Teoría de sistemas.*
1977 - R. Thom - *Estabilidad estructural y morfogénesis*
1977 - E. Morin - *El Método.*
1979 - J. Lovelock - *Gaia.*
1980 - D. Bohm - *La Totalidad y el Orden implicado.*
1980 - H. Maturana y F. Varela - *Autopoiesis y cognición.*
1981 - R. Sheldrake - *Una nueva ciencia de la vida.*
1982 - B. Mandelbrot - *La geometría fractal de la naturaleza.*
1983 - H. Haken - *Introducción a la sinergética.*
1984 - I. Prigogine & I. Stengers - *La nueva alianza.*
1987 - J. Gleick - *Caos.*
1993 - S. Kaufmann - *Los orígenes del orden.*
1996 - F. Capra - *La trama de la vida.*
1998 - I. Stewart - *El segundo secreto de la vida.*

INDICE ALFABÉTICO

Abrikosov 20, 176
ADN .. 39, 40, 41, 43, 150, 151
Afinidad química 139
Agente autónomo 142, 143
Alas de las mariposas ... 39, 46, 82, 89, 184
Algoritmo .. 143, 160, 161, 190
Algoritmo genético 160
Anderson, Philip, W. 53, 54, 180, 193
Anisotropía 33, 178
Aperiodicidad ... 42, 43, 79, 82, 84, 89
Aplicación logística 85, 90, 94, 96, 98, 185
  diagrama de bifurcaciones 90, 96
Aristóteles 34, 35, 178, 193
Atractor 4, 77, 78, 80, 81, 134, 135, 146, 184
  cuenca de atracción...........78
  de Lorenz 81, 184
  fuente 9, 60, 78, 99, 106, 110, 116, 139, 149
Autocatálisis 139, 140, 141, 142, 190
Autómatas celulares15, 56, 183
Auto-organización .. 49, 56, 64, 67, 70, 83, 99, 103, 105, 106, 107, 108, 110, 111, 115, 116, 119, 123, 124, 126, 128, 139, 144, 155, 162, 170, 187, 189, 196, 198
Autopoiesis 155, 156, 158
Autorregulación67, 69, 70, 118, 144, 145
Autosemejanza 25, 27, 29
  auto-similaridad 40
Avalancha. 124, 143, 164, 165, 166, 168, 169
Axioma 32
Bak, Per 164, 168, 169, 192, 193
Bauplan 33, 35
Belousov-Zhabotinsky .. 47, 48, 140
  reacción de 47, 123, 141
Bénard
  celdas de......... 111, 123, 127
  convección de 110
  inestabilidad de 111, 123, 130, 140
Bénard, Henri C. ...4, 110, 111, 112, 116, 123, 127, 128, 130, 140, 184
Bertalanffy, Ludwig von62, 65, 70, 104, 183, 194, 201
Bifurcación ... 3, 34, 79, 90, 91, 92, 94, 95, 96, 97, 98, 99, 104, 119, 120, 121, 142, 145, 146, 157, 185
  punto de 79, 95, 104, 119, 120, 146, 157
Biofotones..........................179
Bohm, David........37, 194, 201
Boltzmann, Ludwig 59, 120, 127, 194
Bosones.............................176
Brian Enquist 23
Brillouin, Leon..................115
Brogan, D. C. 160, 195
Brown, James.......................23
Budismo tántrico 149
Cálculo diferencial 11
Cannon, Walter B.63, 145, 194
Caos dinámico 86, 98
Capra, Fritjof 145, 146, 158, 190, 194, 201
Carnot, Sadi 58

Célula17, 23, 31, 32, 38, 40, 41, 57, 116, 141, 142, 146, 147, 148, 149, 150, 152, 158, 162, 179, 180, 199
Chomsky, Noam..31, 179, 194
Cibernética..66, 67, 68, 69, 70, 193, 195, 200
Ciclo de Krebs..................141
Ciclo de trabajo.................142
Ciclo límite......4, 79, 134, 135
Circularidad.........................67
Círculo vicioso.....................68
Clausius, Rudolf58, 59, 61, 181
Código genético...................40
Coherencia10, 53, 66, 114, 115, 118, 121, 122, 123, 124, 126, 147, 160, 161, 162, 163, 176, 188, 189, 190, 198
  bandadas 160
  comportamiento cooperativo 122, 126
  hormigas 161
  termitas 163, 164
Complejidad26, 31, 40, 53, 54, 55, 56, 61, 73, 83, 107, 117, 118, 120, 139, 147, 164, 168, 169, 178, 180, 196
  propiedades emergentes.. 56, 106
  sistema complejo. 33, 56, 73, 77, 82, 106, 164
Concepción organísmica......69
Condiciones iniciales64, 81, 82, 83, 85, 119, 151, 185
Conducción110, 112, 113, 129, 187
Conjunto de Mandelbrot.3, 29, 30, 185
Conjuntos de Julia 28, 29
Convección 4, 81, 110, 111, 112, 113, 115, 116, 123, 127, 129, 184, 187
Criticidad auto-organizada164, 165, 168, 169, 192
Da Vinci, Leonardo............ 16
Darwin, Charles 53, 160
Deneubourg, J. L....... 163, 194
Dimensión fraccionaria 177
Dimensión fractal.... 26, 27, 81
Divina Proporción.............. 16
Driesch, Hans...................... 35
Ecosistema ...9, 11, 33, 85, 147
Ecuación iterativa.... 29, 80, 84
Efecto mariposa 82, 89, 184
El Kybalion................ 25, 199
Embrión35, 38, 41, 43, 44, 152, 180
Emergente34, 54, 56, 105, 141, 143, 154, 158, 161, 169, 175
Emisión espontánea... 125, 188
Enquist, Brian 23
Entelequia 34, 35
Equilibrio
  lejos del..... 62, 99, 104, 106, 107, 110, 116, 117, 118, 120, 122, 125, 126, 128, 141, 145, 146, 168, 198
  químico....................63, 145
Espacio de estados3, 74, 76, 77, 78, 80, 81
Espacio de fases. 4, 11, 74, 75, 78, 80, 81, 95, 97, 98, 134, 135, 139, 146, 184
Espiral logarítmica.. 12, 13, 16
Estado
  cuasiestacionario 103
  de equilibrio fluyente 104
  estacionario59, 96, 103, 104, 108, 109, 111, 113, 119, 140, 189

Estrella de Koch 3, 27
Estructura 9, 12, 17, 20, 23, 24, 33, 38, 40, 41, 42, 43, 54, 57, 59, 60, 61, 62, 65, 66, 68, 70, 73, 74, 80, 81, 95, 96, 97, 98, 99, 104, 105, 106, 107, 108, 110, 111, 115, 116, 117, 118, 119, 120, 122, 123, 127, 128, 130, 131, 140, 141, 144, 145, 146, 152, 153, 155, 157, 158, 159, 162, 175, 180, 187, 196
- biológica 33, 70
- disipativa 104, 105, 108, 111, 116, 117, 118, 119, 120, 122, 123, 131, 141, 144, 145, 157, 158, 159, 187
- espacial 110, 111, 123
- espacio-temporal..... 110, 123
- temporal.................. 110, 131

Evolución
- competitividad 149
- cooperación ... 126, 127, 148, 149, 151
- recombinación del ADN. 150
- simbiogénesis 149
- sinergia 149

Feigenbaum 22, 91, 92, 93, 185, 194
- cascadas 92, 185
- constantes 4, 22, 92, 93

Feigenbaum, Mitchell 4, 22, 91, 92, 93, 185, 194
Filotaxis 19, 20
Flew, Antony.............. 178, 194
Fluctuaciones 83, 84, 94, 95, 96, 98, 105, 106, 107, 113, 118, 119, 120, 122, 128, 129, 145, 163
- orden por......................... 120

Flujo magnético 20, 176
Foerster, Heinz von...... 70, 195
Fractal 8, 23, 24, 25, 26, 27, 29, 31, 33, 37, 40, 71, 80, 81, 168, 169, 177, 185, 197, 201
Freud, Sigmund 53
Gaia 147, 197, 201
Gaston Maurice Julia 28
Genes homeobox 39
Geoffrey West...................... 23
Geometría fractal .. 24, 80, 168, 169, 201
Goethe, Johann Wolfgang .. 36, 37, 38, 179
Goodwin, Brian .. 43, 161, 179, 199, 200
Gradiente 4, 98, 110, 111, 113, 114, 127, 128, 139, 152, 180, 187
Gramática 31, 33
Gurwitsch, Alexander G. 43, 179
Haken, Hermann 107, 123, 124, 128, 187, 195, 201
Hannya Shingyo 173
Hodgins, J. K. 160, 195
Homeostasis........... 63, 69, 145
Inestabilidad 79, 95, 96, 98, 105, 107, 108, 111, 115, 118, 119, 120, 123, 126, 130, 135, 140, 141, 142, 146, 151
Información 23, 34, 38, 39, 41, 42, 43, 57, 63, 64, 66, 67, 68, 69, 70, 73, 104, 130, 131, 141, 154, 162, 163, 183
Invariancia de escala.. 167, 170
Irreversibilidad 58, 59, 61, 106, 107, 108, 110, 111, 120, 139, 141, 142, 181, 183, 189
Isomorfismo 54, 65, 66, 70, 129, 139

Iteración 27, 28, 29, 41, 80, 84, 90, 177
ecuación iterativa . 29, 80, 84
Jacob, François 39, 179, 195
James Brown........................23
Julia, Gaston Maurice 28, 29
Kant, Immanuel ...49, 180, 196
Kaufmann, Stuart142, 143, 201
Landau, L. D......................130
Láser 4, 110, 123, 124, 125, 126, 127, 128, 129, 188
medio activo........... 124, 125
radiación de bombeo 124, 125, 126
régimen de emisión 126, 127
Laszlo, Ervin........53, 180, 196
Leonardo da Vinci 16
Leonardo de Pisa 12, 13
Ley de Kleiber ...21, 22, 23, 27
Ley de potencia..........166, 191
Leyes de escala alométricas.21
Liapunov
A.M............................... 108
Lindenmayer, Aristid...31, 197
Lorenz, Edward81, 82, 83, 184, 197
Lovelock, James 147, 197, 201
L-Sistema................31, 32, 33
Mandelbrot, Benoit...3, 24, 26, 29, 30, 80, 185, 197, 201
Máquinas ..63, 64, 67, 70, 155, 200
Margulis, Lynn . 149, 150, 156, 190, 197
Maturana, Humberto R. 153, 155, 157, 158, 159, 162, 190, 197, 201
May, Robert........................85
Mecanicismo........55, 151, 154
Metabolismo 141, 145
tasa 21, 23
Método iterativo............ 29, 33
Modelo ..36, 44, 57, 58, 70, 82, 85, 86, 110, 131, 133, 139, 153, 154, 156, 157, 158, 162, 164, 168, 180, 184
Modelo de Lotka-Volterra 110, 131, 133, 139
Morfogénesis41, 42, 43, 44, 45, 151, 152, 162, 199, 201
campo morfogenético 43, 44, 151, 152, 179
morfógenos. 45, 46, 152, 180
Morfología 33, 36, 40
Morin, Edgar55, 56, 57, 58, 99, 181, 198, 201
Murray, James D. 46, 198
Neguentropía..................... 115
No linealidad
ecuación no lineal 73, 75, 97, 119
Número Aureo ..11, 15, 16, 17, 22, 177
Número complejo.. 28, 29, 178
Ondas químicas 123
Orden17, 34, 37, 54, 59, 60, 61, 64, 70, 83, 92, 93, 95, 99, 105, 106, 107, 108, 110, 115, 116, 117, 120, 121, 122, 127, 128, 129, 130, 131, 139, 141, 145, 146, 155, 162, 163, 165, 175, 179, 183, 189, 191, 201
generativo..................36, 37
Organicismo.......152, 153, 154
Organismo vivo.. 9, 23, 33, 34, 36, 40, 44, 48, 49, 60, 61, 62, 63, 64, 68, 69, 106, 142, 144, 145, 147, 148, 149, 151, 152, 153, 154, 157, 159, 160, 162, 190

Organización 5, 36, 39, 48, 49, 54, 55, 57, 59, 61, 63, 64, 67, 70, 83, 99, 103, 104, 107, 108, 110, 111, 115, 117, 118, 123, 139, 143, 145, 153, 154, 155, 156, 157, 158, 162, 170, 180, 197
Paradigma... 55, 149, 151, 154, 164, 180
Pares .de Cooper................ 175
Pares de Cooper................. 176
Patrón18, 24, 31, 34, 36, 39, 48, 70, 74, 99, 107, 134, 153, 154, 155, 156, 157, 158, 162, 168, 177
Pauta. 9, 10, 12, 17, 25, 34, 36, 39, 40, 41, 44, 45, 46, 47, 54, 60, 84, 123, 159, 160, 161, 191
Péndulo.......... 3, 75, 76, 77, 78
Percolación................ 169, 192
Pitagóricos........................... 34
Platón 173
Popp, Fritz Albert...... 179, 198
Prigogine, Ilya.. 110, 115, 116, 117, 118, 119, 120, 121, 122, 139, 140, 141, 188, 198, 201
Principio de superposición .. 72
Probabilidad 60, 127, 163, 192
Proporción Aurea 16, 17
Punto de bifurcación..... 79, 95, 104, 119, 120, 146, 157
Reacción química oscilatoria47, 48, 140, 141
Reacción-Difusión
  ecuación de 46, 123
  mecanismo..........46, 48, 140
Recursividad................ 56, 140
Redes neuronales........... 33, 56
Reduccionismo............. 53, 57
Régimen subcrítico 129
Regimen supercrítico. 113, 126
Reglas de producción.....31, 32
Reloj químico 141
Resonancia mórfica 44, 147
  campos mórficos.............. 44
Retrato de fase 75, 78, 79
Retroalimentación3, 67, 68, 69, 70, 71, 72, 73, 83, 84, 106, 107, 118, 119, 125, 140, 141, 144, 145, 146, 153
  autocorrectora 3, 68, 69
  autorreforzadora.... 3, 68, 83, 141, 142
Ross Ashby, William..68, 183, 193
Ruido rosa..........................169
Schrödinger, Erwin42, 43, 108, 179, 187, 199
Shannon, Claude................198
Sheldrake, Rupert44, 147, 179, 199, 201
Simbiosis 149
Simetría.....33, 34, 42, 45, 130, 139, 151, 152
Sinergética 107, 198, 201
Sistema
  Sistema biológico 20, 21, 44, 65, 153
Sistemas
  abiertos.... 62, 63, 64, 72, 94, 98, 107, 115, 122, 145, 147
  biológicos20, 21, 44, 65, 153
  caóticos 80, 91, 169
  cerrados... 59, 60, 62, 63, 64, 72, 78, 115, 145, 155, 156, 189
  complejos 33, 56, 73, 77, 82, 106

dinámicos 65, 71, 74, 75, 78, 79, 82, 94, 95, 96, 98, 103, 164, 186
lineales 71, 73, 78, 83
no lineales 72, 80, 83, 106
Smale, Stephen 79
Stewart, Ian.... 11, 40, 161, 201
Sucesión de Fibonacci3, 11, 12, 13, 14, 17, 20, 177
Superconductividad 20, 108, 127, 129, 162, 175, 176
Superconductor...20, 108, 127, 162, 175, 176
Supersistema......................143
Tang, Chao 164
Teoría
BCS............................... 175
de catástrofes 96, 97, 98, 186
de juegos 66
de la bifurcación.............. 96
de la información 66
de singularidades............. 96
del caos ... 24, 56, 71, 82, 83, 84, 90, 185
matemática de la comunicación 198
matemática de la embriología 45
Teoría de grupos 130
Teoría General de Sistemas 62, 66, 69, 154, 194
principio de equifinalidad64, 70
sistémico . 70, 139, 144, 145, 147, 150, 153
Termodinámica.58, 59, 60, 61, 62, 70, 78, 94, 99, 103, 107, 108, 110, 111, 116, 117, 118, 120, 139, 181, 183
de los procesos irreversibles 61, 108, 110, 111, 139
desorden termodinámico .57, 58, 59
entropía 4, 58, 59, 60, 61, 63, 64, 69, 78, 103, 104, 108, 109, 115, 141, 175, 181, 183, 187
equilibrio termodinámico 58, 59, 60, 64, 103, 104, 107, 115, 117, 126, 127, 141, 147
segunda Ley o Principio..57, 59, 60, 61, 62, 70, 78, 120, 181
termostática 58
Thom, René...97, 99, 180, 186, 196, 199, 201
Thompson, D'Arcy L. .. 33, 34, 41, 151, 199
Transición de fase 4, 108, 109, 127, 128, 130, 165, 175, 189, 192
fuera de equilibrio 127
Turbulencia86, 94, 98, 99, 105, 169
Turing, Alan M. 45, 46, 47, 48, 180, 199
Universalidad.......93, 107, 129
Urform 37, 38
Urpflanz 36, 37
protoplanta........................36
Van Essen, David C. ... 42, 199
Varela, Francisco J... 153, 155, 159, 190, 197, 201
Variable de estado....... 78, 186
Verhulst, Pierre François.... 85, 199
Vitalismo.............35, 152, 153
Vollrath, Fritz........... 160, 196
Vórtice 99, 117, 146, 176
Weaver, Warren 198
Weiss, Paul A............. 43, 200

West, Geoffrey 23
Wiener, Norbert.... 67, 69, 183, 200
Wiesenfeld, Kurt........ 168, 193
Wolpert, L.................... 38, 179
Zeeman, Christopher ... 97, 200